崔彦怡——著

我的搭配入门书

译林出版社

目　录 / Contents

第一章

Chapter One

时 尚 达 人 才 知 道 的 搭 配 秘 密

第 *1* 节　面料的一致搭配法

如果你是一个讲究时髦的人，那么就一定不能忽略面料搭配的重要性。它是服装搭配协调的基本要素。即便你对当季的流行风格与图案了解无几，学会面料搭配法则，也能保证造型安全不出错。这其中，面料的一致搭配法则对于刚入门的人来说，最关键、最基础。在这里，我把它简单分为"同种面料搭配法"与"相近面料搭配法"。掌握了这两种法则，你就掌握了面料一致搭配法的核心。

▨ 同种面料搭配法

顾名思义，同种面料搭配法，是指整体服装的面料为一种，但它并不约束面料的其他属性，你可以选择同种面料，但可以使用不同的色彩或图案将服装区别开来，从而形成协调的层次感。例如牛仔面料，淡蓝色牛仔衬衫与深蓝色紧身牛仔裤，就是令人一目了然、清爽又富有魅力的组合；再如雪纺面料，白色雪纺衬衫与印花雪纺短裙，也是简单又迷人的选择。

如果从上而下都是一模一样的面料，难免会令人产生乏闷的感觉。因而，运用这种搭配方法时，应注意保持服装的层次感，在单品间稍作变化，这样看上去就会非常精心别致。除此之外，配饰在连接与区分面料时，也发挥着不可忽视的作用。最简单的方法是装饰一款腰带，例如将皮革编织腰带纳入牛仔套装中，将亮色细腰带纳入雪纺套装中，看上去就会更加连贯自然。

▨ 相近面料搭配法

将外观看上去相近的面料搭配在一起，也非常和谐美观。它们至少有一个共同的特性，例如同样飘逸，同样具有透视效果，同样富有光泽感等。对于飘逸这个特性来说，你可以将雪纺与绉纱搭配起来，选择雪纺上衣与绉纱长裙，轻快唯美；对于透视效果来说，你可以将薄纱与蕾丝搭配起来，选择薄纱袖上衣，搭配蕾丝短裙，典雅之中流露丝丝女人味；对于光泽感来说，你可以将丝缎与塔夫绸搭配起来，选择围裹式的紧身丝缎上衣，搭配廓形感十足的塔夫绸半身裙，参加酒会将非常华丽迷人！

这种搭配方法较同种面料搭配法而言，运用起来有一定的难度，但只要注意避免烦琐，不要画蛇添足，就会收到不错的效果。再者，因为面料相近不相同，所以在配饰的材质选择上，也要尽量与服装面料保持趋同，不要太追求标新立异，否则看上去会很突兀，不连贯。

第2节　面料的对比搭配法

我们不仅可以选择相近的面料进行搭配，同样，我们也可以选择质地、样式、色彩、工艺等相异甚至相对的面料，进行创造性的搭配，这种搭配方法称为面料的对比搭配法。它适用于过渡季的造型搭配，对于特别的派对、酒会来说，利用这种方法也能令你的造型看上去别出心裁。幸运的是，它虽然看上去复杂，但其实非常简单，你只需把握以下两种对比搭配法，就能保证安全又时髦！

░ 硬挺与飘逸

面料的硬挺与飘逸相碰撞，总能带来震撼般的美感。例如具有塑形效果的棉质贴身短上衣，搭配轻盈的绉纱伞裙；硬朗的皮夹克，搭配舒适的T恤与蓬松的薄纱半裙；抑或是轻盈的荷叶边雪纺上衣，搭配线条流畅的棉质铅笔裙；宽松的丝质衬衫，搭配紧身牛仔裤，等等。

这种对比搭配法最为普遍，能够令两种不同风格的面料碰撞出多元化的时髦感。例如，在甜美中多加一丝酷味，让性感中流露出优雅的气息。选择这种对比搭配法，虽然很容易上手，但仍需要注意其中的关键——线条感。相异的面料之所以能够完美地融合在一起，很大程度上归因于优美的线条感。你需要用硬朗的面料雕刻立体的线条，如腰部的S形曲线，圆润的臀部，修长的腿部等，目的是为了突出你身材的优势；而飘逸的面料则会带来一定的模糊线条的感觉，它可以掩盖你的身材缺陷，如扁平的胸部，有赘肉的腰部，宽阔的胯部，略微水肿的腿部等，但无论如何，两者搭配起来线条都是连贯流畅的。

▨ 轻盈与厚重

掌握好轻盈与厚重的面料对比搭配法，能够有效地帮助你打造换季装束。尤其是在秋冬交替与冬春交替的时节，利用这种搭配法，你可以轻松摆脱臃肿并且保持温暖！在秋末冬初之际，你可以穿着轻盈的雪纺长裙，外披一件柔顺的皮草外套或马甲；抑或是在微寒的派对之夜，为你的华丽礼服增加一件毛皮披肩，不仅能起到有效的御寒作用，同样也增加你造型的奢华度。同样，在冬末初春之际，你也可以选择保暖的套头卫衣与长裤，外披一件轻盈的细针织长开衫，会令你的步履瞬间轻快起来！

运用这种对比搭配法时，要注意季节的趋向性。如果天气趋寒，那么在搭配时应遵循"内轻外重"的原则，即选择轻薄面料的内搭单品，搭配厚重面料的外衣；如果天气趋暖，那么在搭配时应遵循"内重外轻"的原则，即选择厚重保暖的内搭单品，搭配轻薄面料的外衣。把握好这两个原则，能够保证你在搭配轻盈与厚重时，将两者平衡得恰到好处，且顺应季节，时髦不突兀。

第*3*节 脱颖而出的色彩搭配

观察一个人的衣着，你并不会一开始就专注细节，反而会首先被最简单、最醒目的色彩所吸引。无论呈现出的色彩是非常亮眼，还是比较暗淡，它们都不会孤立地存在，而是依靠两两或多种组合，在众多衣装中脱颖而出，这便是色彩搭配的神奇魔力！

如果你也想让日常着装变得抢眼，成为众目所瞩的焦点人物，那么就要学会这种色彩搭配法。它其实并不难，简单来说分为两种方法——对比法与近色法，你可以根据我的分析，找到适合自己的抢镜捷径！

对比法

这种方法适用于任何一种服装款式，譬如一件黑白对比的 T恤，一件亮色图案的白衬衫，一条青花瓷印花的半裙，都是对比法的基本体现。

对比法根据色彩的搭配，可以分为正比法与反比法。正比法是指对比色彩相对服装基底色彩较明亮，反比法是指对比色彩相对服装基底色彩较暗淡。两者强调的对象不同，因而其表达的目的也不同。正比法突出亮丽感，适合周末休闲或者派对着装，彰显个性魅力；反比法突出深沉感，具有一定的视觉修身效果，适合通勤或正式场合着装，更具优雅美。

近色法

并不是色彩相反的服装才醒目，如果你能掌握近色法，同样可以利用这种"锦上添花"的方式，令自己的造型变得精彩。

近色法可以运用在同暖色系服装，同冷色系服装，也可以运用在同无色系（黑、白、灰）服装的搭配中。它起到一定强调与提升的作用，目的在于让着装者的风格更加突出，个性更加鲜明，可以是拼色的方式，也可以通过渐变展现出来。一件单纯的红色连衣裙，尽管色泽鲜艳，但相比正红色、玫红色与珊瑚红色相间的连衣裙，却逊色不少。原因在于，"近色法"所带来的丰富与强大的视觉冲击力，是纯色服装无法匹敌的。

因而，在特殊场合下，如果你运用这种近色法去搭配，挑选近色的上衣与半裙（或裤子），近色相间的连衣裙或连身裤，就会收获意想不到的惊艳效果！

第 4 节　极简主义色彩搭配法

当下，极简主义风靡时尚界，它主要阐释出了"少即是多"这一内涵。就如同我们常挂在嘴边的诗句"此时无声胜有声"，将其运用在时尚界，就是通过最轻描淡写的方式，带来最撼动人心的时尚感，这就是极简主义。

虽然大多数人谈到极简主义时尚都能道出一二：雕塑般的剪裁，单纯的面料，质朴无华的设计……但很少人能够意识到，色彩搭配在极简主义中也占据着不可替代的重要位置！

一致法

号称"懒人必备"的一致法，绝对是极简主义色彩搭配的关键法则。我们都喜欢看男人穿西服套装，西服外套与西裤的一致搭配，醒目又笔挺。同样，女人也可以运用这样的懒时髦窍门，令你的造型抢眼且不出错。

你可以选择同色西服套装的搭配，也可以做一点小改变，选择同色的长大衣与长裤，内搭白衬衫；或者选择同色上衣与长裤，外搭长外套。当然，你也可以穿着连衣裙或连身裤，搭配同色调的帽子或鞋履，从头到脚保持一致，会令身材看上去更加修长曼妙。

运用这种方法时，需要注意搭配的比例感与连贯性，将内搭的衬衣或 T 恤束在腰内，会令你的比例更完美。如果衣服在设计上强调上半身（领口、肩部、胸部），那么就可以点缀一款同色帽子；如果强调下半身（臀部、腿部），那么搭配一双同色的鞋履，看上去会更加自然。因为追求极简主义风格，所以线条越流畅、设计细节越少、色彩越分明的衣装，穿着起来时髦感就会越强！

▨ 自然法

如果你想以最简单的方式搭配色彩，那就不妨试试"自然法"。一切看上去与肤色相近的淡色调都是运用的关键色。这种追求极简主义的方式，搭配起来并不复杂，但看上去却十分雅致，有味道。最常用的是裸色、淡黄色、黏土色、驼色等，你可以选择多种色彩混合搭配，也可以选择其中一种与无色（黑色、白色、灰色）搭配，呈现出来的氛围也是极简且高档的。

运用这种方法，你需要注意色调的浓淡。例如选择淡黄色搭配白色就非常干净清新；如果选择深一点的驼色，那么搭配黑色会更加明朗和谐，总之保持一个方向就不会出错。自然法虽追求那种"轻描淡写"的感觉，但并不是粗枝大叶，讲究细节感同样重要。比如裙摆的精巧褶裥，夹克的弧形裁剪等，都能为自然色彩搭配法增添一丝精致与趣味。

第5节　提升亲和力的色彩搭配

"时装能够拉近人心的距离"，这话的确不假。对于首次见面的人来说，衣着外观总能先于交流，在潜意识中给人留下印象。因而，如果你想给人留下亲近的印象，那一定不能忽视色彩搭配的重要性。搭配正确，不仅可以带来时尚感，同样能够为你增添亲和力；相反，如果搭配不当，则会产生"拒人千里"的反作用。

饱和色，轰轰烈烈才完美

能让人眼前一亮的饱和色，好看却不易搭配，最常用的方法是让它与另一种饱和色相匹配，两者色调不一，却同样浓烈重彩，碰撞在一起十分和谐时髦。你可以选择上下分体式搭配，例如玫红色上衣与橘色长裤；也可以选择混合饱和色的连衣裙（印花图案、条纹、几何、抽象等）。但无论如何都要遵循不超过四种色彩的原则，因为对于饱和色来说，种类繁多也会让人眼花缭乱，影响美感。

浓入淡出的无压力搭配法

如果你没有足够勇气驾驭抢眼的饱和色，那也不必担心没有办法令人眼前一亮，你可以采取浓入淡出的搭配法，逐步提升你的时髦度与造型的辨识度。

首先你需要一个从头到脚的结构规划，让整体看上去衔接自然且线条优美，例如一件贴身上衣与一条铅笔裙。其次选择你的色彩起始点，是顶部、底部还是中间。可以从顶部开始选择色彩，例如翠绿色，那么下身你就需要再淡一点的色彩，可以是极浅的果冻绿色，也可以是白色。你还可以添加一款细腰带，颜色取两者中间色，起到承上启下的作用；或者配一款手提包，色调让上衣与下装组合起来更协调。但不论怎样，这样的浓入淡出搭配，都以减轻视觉压力为目的，以便为你增添一份随和气息。

点亮你的造型角落

考虑到整体造型，我们在搭配时不仅要注重服装，也要学会利用配饰提亮造型。也许它们看上去并不起眼，但这些简单细小的角落组合在一起，却是最富亲和力且魔力无穷的！

　　你可以选择比服装色彩高一亮度的包袋、鞋履、首饰或前卫的电子配件；也可以挑出服装中最亮眼的色彩，选择与之同色的配饰，同样能与服装互为补充，令你的造型更具层次感，更加个性鲜明，更加时髦有趣！当然，最重要是要保持平衡，让配饰点睛不复杂，才能收获最佳效果。

第6节　甜而不腻的色彩搭配

甜美风是许多女孩最爱的造型风格，然而并不是粉粉嫩嫩就会美不胜收，想要给人留下甜美不腻味的印象，还需要通过搭配来平衡整体，才能让你看上去犹如和煦春风中浮动的花朵，清爽又醉心。你可以记住我总结的三种搭配方式，它们其实很容易上手，能够让你告别呆板与腻味，轻松升级上东区甜美淑媛！

▨ 保持色彩不一

导致甜美风格腻味的原因之一，便是过分的堆积感。因而在服装搭配时，可以尝试一下"色彩不一"这一原则。这并不是约束你不能选择那些同色的款式，而是因为一个色彩的多种色调，很容易在视觉上造成压力，所以要想分担这种过分的堆积感，就需要其他色彩来帮忙调和。例如你选择了一件粉色半身裙，那就避免再选择玫红色的上衣，尝试一下淡黄色、橘色，则能为你的造型带来焕然一新的轻快感！

简单说来，这种方法就是让你不要对一种色彩"过分偏袒"。利用多种俏皮的色彩混合，要比从头到脚的单一色彩生动甜美得多！

融入中性色

一身粉难免令人吃不消，不如来点中性色调和一下，不仅能够提升造型感，明快的色彩与简约的黑白灰碰撞在一起，也能擦出不一样的惊艳火花！例如你选择了一件粉色 T 恤，那么下身穿着白色长裤，外披一件黑色皮夹克，就会立刻变得甜美又帅气！如果你选择了一件粉色连衣裙，也不必担心过于甜腻，搭配一双白色凉鞋或者是烟灰色手拿包，会令你气质顿显，甜美中又流露出一丝优雅韵味。

运用这种方法时，不必拘泥于常规的黑白灰三色，你可以通过深浅的变化，例如灰白色、柴灰色、象牙黑、炭黑色、象牙白、米白色等，来让搭配的选择更加丰富。当然，选择这类搭配色时，也应参考服装主色调，在视觉上保持浓烈或淡雅一致，才是最安全明智的！

不可忽视的色彩

要知道有些色彩并不是生来就甜美，单独看它们会很单调甚至有时还很无趣，但如果你细心观察，则会发现，它们一旦找对了"小伙伴"，也会瞬间甜美到融化你的心。裸色和杏色就属于这一类色彩。如果你选择了一件裸色衬衫，那么用它来搭配粉色半身裙，则会瞬间碰撞出甜美的效果；同样对于一件杏色短裤，如果你用它搭配褐色上衣也并无差错，但如果换作橙色，那么就瞬间甜到心坎了，是不是感觉很奇妙？

　　所以女孩们不要忽视了这类色彩的重要性，它们虽然看上去很单调，但在关键时候却发挥着无与伦比的甜美作用哦！

第7节　冷艳高贵的色彩搭配

　　相比春夏季，秋冬季时女孩们更偏爱冷色调的服装；而相比热闹的派对，格调更加雅致的酒会则需要冷色调服装烘托出若即若离的神秘感与高贵气息。那么，究竟怎样利用色彩搭配，才能收获冷艳又高贵的造型呢？不妨看看我为你推荐的三种色彩搭配准则吧！

▓ 不可或缺的光泽感

　　冷色调本身就容易降低注意力，如果你的造型中没有一点光泽感，那么就会令你看上去也干枯萎靡，无精打采。你可以从服装的材质着手，搭配一件富有光泽感的外套。例如一条深蓝色连衣裙，可以外披一件漆皮黑夹克，虽然称不上鲜亮但足够吸引注意力；抑或是你选择了一件绿色的套头针织衫，如果你随意搭配一条黑色短裙，看上去虽然协调但却比较枯燥乏味，但如果你选择一条银色亮片短裙，就立刻为绿色注入了活力，令你的造型也看上去光彩四溢！

▓ 明暗搭配最出众

　　冷色调搭配不好，会在无形中增加你的年龄！因而，想要避开误区，就需要亮度来帮忙。你不必费心于多种色彩的搭配，你只需选择一种冷色调，将它作为服装主色，然后改变这种色彩的亮度，将其作为辅助色，两两搭配，就会收到不错的效果。例如，你可以选择深蓝色的连衣裙，然后搭配一款淡蓝色的丝巾，两者同属蓝色系，却因为不同明度相撞，擦出精彩的火花，让你看上去更加年轻富有活力，同样不失冷色调独有的冷艳气质。

诱人的冷色调拼盘

　　对于冷色调来说，如果你把握不好色彩搭配，那就不妨来个简单诱人的冷色调拼盘吧！将蓝色、紫色、绿色等融合在一起，可以选择混合色调的印花或拼色的连衣裙（或连身裤），也可以将这些色彩分别融入到每件单品中；可以是具有层次感的服装造型，也可以是服装为主，配饰为辅的整体造型，它们组合起来精彩又不费力！

第二章

Chapter Two

巧 学 搭 配 ， 晋 升 白 瘦 美

第1节 拉长身架，不做"矮胖矬"

对于亚洲女孩来说，长高与瘦身总是两个绑在一起的艰巨任务。身材娇小的女孩，总是担心发胖；肉肉的女孩，总想通过身高拉长身段，让自己看上去更加匀称。然而，除了合理的膳食与适度的运动锻炼，我认为告别"矮胖矬"的另一种办法就是学会穿衣！

▓ 这样穿会变高

1. 选择高腰裙

无论是娇小还是微胖的女孩，高腰裙绝对是衣橱必备！选择一款修身的高腰连衣裙，纯色会令你线条分明，高束的宽腰带会拉长下身比例；小巧玲珑的碎花也是点睛之选，避免大面积印花，否则会令比例偏向上半身，而在无形中缩短腿长。选择一款高腰半身裙，简约的直筒裙、铅笔裙都可以，避免不规则剪裁，因为它会令下半身比例失衡。裙长应在膝盖以上10厘米，或者选择高腰的及踝裙，也有拉长腿形的效果。切忌长及小腿中部的裙子，会令你看上去更加矮小。

2. 拒绝哈伦裤

不论有多喜欢街头风格，身材娇小的你绝对不适合穿着哈伦裤，它只会令下身比例更加失调。由于哈伦裤具有一定的垂坠感，并且臀部剪裁宽大，穿起来前身堆积褶皱，会令你的下身臃肿又短小，故不是娇小女孩的理想选择。同理，类似的裤子也要避免选择，例如：土耳其长裤、垮裤等。

3. 尝试迷你裙

通常都认为娇小女生不适合迷你裙，但相反，俏皮的糖果色或者高饱和色系以及荧光色的迷你裙，都能成功转移下半身视线，将焦点集中在膝盖以上。即使你对自己的身材不自信，也可以尝试一些保守风格的迷你裙：淑女的百褶设计，优雅的直筒设计，以及修身的 A 字形设计，都是清新脱俗的选择！

搭配 TIPS:

 短发

将头发剪短，最长可到肩膀处，清爽灵动的发型，会成为你高挑迷人的关键！

高跟鞋

无须太高的高度，一双五厘米的高跟鞋，就能支撑起你挺拔的身材。如果选择带有防水台的高跟鞋，更会令你稳步增高！

小包

体积太大的包袋会矮化你的身高，选择一个小巧玲珑的手袋或者手提包，会令你的身材看起来更修长。

▨ 这样穿会变瘦

1. 对大码说"不"

许多发福的女孩总是购买一些大码衣服，难以置信，比发福的身材都要宽大的尺码，谈何显瘦呢？因而，在适度舒适的条件下，我建议还是告别大码装吧！选择一些修身剪裁的衣装，会令你看上去精神饱满，不会变得邋遢不堪。Ｖ领设计的上衣会拉长你的颈部曲线，对娃娃脸的女孩同样适用；利落剪裁的裤装，会令你更加挺拔有型。对于偏胖的女孩来说，罩衫、蝙蝠衫以及斗篷，都应该避免穿着，与大码装弊端一样，它会令你的身材更加臃肿膨胀。

2. 拒绝横条纹

条纹元素总能令我提高警惕。尤其是对我这个吃货来说，衣橱里无论横条纹还是竖条纹的衣装都很少。尽管我像许多女孩一样，非常喜欢海魂衫，但依旧不断提醒自己，横条纹只是瘦女孩的专利。避免横条纹，它会在横向上拉宽你的尺码，形成臃肿的视错。同样，如果下身发福，那么竖条纹也不要选择，它往往会暴露你走样的腿形。但是对于上衣来说，竖条纹还是安全的，购买对比鲜明的宽松竖条纹衫，会令你的上身看上去不那么圆润！

3. 尝试及踝裙

对于许多明星来说，为了遮盖发福的下半身，穿着及踝裙是明智之选。当然，郁金香形以及蓬蓬裙都排除在外，这里所说的及踝裙，是具有一定垂坠感的直身长裙。但不要以为遮住下半身，就可以掩耳盗铃了，选择一款剪裁利落、裙摆规则、色彩简单的及踝长裙，才是最关键的。

搭配 TIPS:

 刘海

对于发福的女孩来说，最明显的特征就是脸变圆、变宽了，因而梳刘海是修饰脸形的简单选择。长及胸前的齐刘海长发，会窄化你的肩部，令你的脸形小巧玲珑。

细腰带

如果你的裙子是宽松剪裁，可以搭配一条纤细的腰带。如果你的腰身还算细，那么可以选择对比色；如果你的腰部有赘肉，不妨找一款与裙子同色或临近色的，细腰带的装饰可以为你塑造出凹凸有致的曲线。

长耳环

一对优雅的长耳环会令你看上去纤瘦有型，例如流苏、水滴形耳环，微胖的女孩都可以放心佩戴。

第2节 宽松衫 + 高腰裤，游泳圈不见了

游泳圈总是女孩们的烦恼，尤其是久坐在办公桌前忙碌的工作者，没有足够的时间锻炼，又将大把的零食作为高压工作的慰藉，令你的小肚腩呼之欲出。其实，女孩们只需学会一招，便可以告别这种苦恼，那便是宽松衫与高腰裤的巧妙搭配。

▓ 宽松衫

无论是胖女孩还是瘦女孩，总能在她们的衣橱中找到宽松衫的踪影。它们大都有着共同的特点：舒适不紧绷的领口，宽松的袖型，直筒或者夸大的衣身版型等。对于有游泳圈的女孩来说，宽松衫不仅能够巧妙遮盖小肚腩，同样能令你散发出慵懒迷人的休闲情调！不要以为宽松衫已经是"妈妈年代"的复古衣装，如今摇身一变、设计时髦的它，绝对会收到女孩的青睐。

▓ 高腰裤

如果不想穿得臃肿矮小，那就不妨尝试一下高腰裤吧！对于女孩来说，高腰裤可以提高腰线，令下半身修长有型；对于骨架硬朗的女孩来说，可以选择复古的阔腿高腰裤来柔化你的曲线；

对于腿形修长纤细的女孩来说，锥形高腰裤或者高腰紧身裤，则是展露你身材优势的法宝。在夏秋季节，露出脚踝的九分高腰裤，搭配一双尖头高跟鞋，会令你看上去挺拔有型！但切记，如果你是臀胯微胖的女孩，一定不要选择针织面料的松垮高腰运动裤，否则不但玩不好街头风格，反而会加重下身造型的负担！

穿搭方案一：宽松印花衬衫＋九分高腰皮裤

想要令自己的日装造型个性又前卫，不妨尝试一下宽松印花衬衫＋九分高腰皮裤，这样的经典搭配端庄又时髦。醒目的数码印花或者抽象印花，会令你别具文艺气质；宽松的长袖挽到七分，干练又帅气。搭配九分黑色高腰皮裤，束衫穿着，令你轻松遮住游泳圈，美美秀出筷子腿！还可以搭配棱角分明的信封包和一双黑色尖头高跟鞋，能令你成功化身挺拔窈窕的办公室女郎。

穿搭方案二：宽松素色 T 恤＋糖果色锥形高腰裤

作为明星超模最爱的穿搭方法，宽松的素色（黑、白、灰）T 恤（无论是棉质还是针织），只要版型宽松，袖口不紧绷，就会非常百搭。选择一条艳丽的糖果色锥形裤，复古的高腰设计会令你成功掩盖小肚腩；束衫穿着，轻松活泼，会将注意力从腰间转向腿部，作为周末逛街休闲的装束搭配，格外实用有型！

穿搭方案三：宽松亚麻衫 + 高腰牛仔小脚裤

舒适自如的亚麻衫备受都市女孩宠爱，然而其易起皱的特点，却令许多女孩望而却步。其实挑选一个鲜亮的色彩，便能够带来高档舒适感。修饰颈部曲线的 V 领，结合宽松五分袖，不紧绷的版型会令你看上去清新又时髦！搭配高腰牛仔小脚裤，只将衣衫前端束在腰内，而两侧与后摆自然垂下，这样看似简单的穿搭法，却是许多好莱坞女星私下装扮的最爱，不仅可以掩盖游泳圈，同样魅力迷人哦！

穿搭方案四：宽松镂空针织衫 + 深色高腰紧身裤

对于春秋季节来说，拥有游泳圈的女孩大可不必提心吊胆，宽松舒爽的镂空针织衫最适合在这个时节穿着。选择淡雅的裸色、米白色或者奶油色针织衫，巧妙的灯笼袖设计会增添复古魅力，休闲运动的圆领简约易搭配，细腻的镂空设计会令你精致迷人。搭配深色高腰紧身裤，将针织衫束在腰内，会在视觉上拉长身材比例，令你看上去更加窈窕优雅！可以穿着一双简单的厚底帆布鞋，如果担心太过低调，那么长链吊坠也是不错的点睛配饰哦！

穿搭方案五：宽松条纹套头衫＋黑色高腰阔腿裤

选择一款舒适轻盈的条纹套头衫，海魂风格令你清爽自如；松垮的袖形与衣身，令你沉浸在惬意的时光中，轻松告别游泳圈的困扰。搭配经典的黑色高腰裤，剪裁考究的它，是每个女孩衣橱的必备单品。将条纹衫束在腰内，可以单穿也可以搭配小西装，营造出干练率性的层次感。值得注意的是，小西装的色彩应与高腰裤保持一致，这样才能令你的身材修长有型！

第3节　短衫＋长裙，九头身比例不是梦

当下，女孩的身高已经决定了一半的时尚，即使你没有天使般的脸庞，一个高挑的身材，也能抢尽所有风头！然而，对于先天娇小型的女孩来说，虽然身高无法改变，但掌握短衫与长裙的黄金搭配，也能在视觉上重塑你的比例。如果你掌握了下面几套搭配方案，相信拥有九头身比例绝对不是梦！

搭配方案一：高领短上衣＋不规则长裙

我们应当坚信，时尚必须是魔力无穷的，正如高领短上衣与不规则长裙搭配能够令娇小女孩赢得高挑的身形。选择一件淡雅的素色上衣，高领设计将为你改变衣着重心；搭配不规则的亮色长裙，无论是斜向剪裁的荷叶边长裙，两片式长裙，前短后长的流星尾长裙，都会起到拉长下半身比例的功效，令你的双腿变得修长！

搭配方案二：吊带短上衣＋条纹长裙

闷热的夏季，不妨让自己清凉到底吧！选择一件纯色吊带短上衣，简洁修身的廓形百搭又舒适；搭配竖条纹长裙，拉长你的身材比例，令你看起来高挑自然。注意一定不要选择横条纹，它会在无形间压缩你的身高，起到反作用。选择藏蓝色与白色竖条

纹，会更加经典百搭！

搭配方案三：白色短衬衫＋动物印花长裙

作为日常穿着必备，白色衬衫是女孩衣橱必不可少的基础衣装，它们清爽、简洁，易搭配。如果想要拉长身架，不妨选择短款的白色衬衫，搭配个性十足的动物印花长裙，会令你高挑又迷人！无论是豹纹、蟒纹，还是斑马纹、虎纹等印花，都能展露野性十足的魅力。当然，这样的穿着方式，不仅仅适合白天，若搭配一双高跟鞋，即可打造出妩媚迷人的晚装！

搭配方案四：丹宁短衬衫＋碎花长裙

令人一见钟情的田园风格，想必是每个女孩都无法拒绝的清新诱惑！选择一款轻薄的浅色丹宁短衬衫，将衣袖挽起来简洁又大方；可以将底摆系成蝴蝶结样式，展现你优雅自然的一面。搭配印花长裙，选择舒爽轻盈的雪纺、绉纱，抑或是真丝面料，利用飘逸的廓形衬托出清新脱俗的气息；或者选择精致复古的小碎花图案，带来甜美可人的邻家女孩味！

搭配方案五：皮革短上衣 + 格纹长裙

将优雅主义带入其中的短衫 + 长裙组合，对于娇小的女孩来说也能够轻松驾驭。选择一款剪裁考究的皮革短上衣（黑色的圆领背心款式最百搭经典），无须冗余缀饰，修身的上身廓形便是王道！搭配格纹长裙（无论是简洁的棋盘格，还是复古俏皮的千鸟格，都是不错的图案选择），两两搭配勾勒出的流畅曲线，会令你更加时髦耐看！

搭配方案六：短款坦克背心 + 百褶长裙

想将休闲街头装穿出明星气质，女孩不妨选择一款极简设计的短款坦克背心。舒适柔软的特点令它兼具实用性与前卫都市气息，无须多余的装饰，胸前的简单贴口袋便能彰显出你的不俗品位！搭配纯色百褶长裙，如果选择了高饱和色彩，将会令你酷劲十足；如果选择了淡雅清新的水粉色，则会柔化你的气质，令你看上去既高挑又温婉可人！

搭配方案七：蕾丝短上衣 + 丝缎长裙

想要在约会之夜穿出妩媚迷人的女人味，但又不想浮夸落俗？不妨尝试一下蕾丝短衫与缎面长裙的混搭吧！在挑选蕾丝短上衣时，如果想要收获优雅，切忌过于裸露的设计。可以是一字领五分袖的造型，也可以选择拼接的透视薄纱袖，搭配光泽感丝缎长裙，会为你带来高雅柔美的淑媛风情。

搭配方案八：亮片短上衣＋透视薄纱长裙

对于身材娇小的女孩来说，参加酒会或是派对，也可以选择短衫＋长裙的经典组合。璀璨的亮片短上衣可以帮你轻松塑造一个华美的外观；如果想要彰显出不俗气场，不妨选择金色亮片装饰上衣，霸气的垫肩设计会增强你的存在感。搭配黑色透视薄纱长裙，帅气的亮片与柔美的薄纱相碰撞，营造出最平衡的视觉效果。如果你的长裙有点点亮片装饰，那整体造型就再完美不过了！

第4节　T恤＋束腰裤，轻松增高10厘米

关乎女孩美丽大业的时尚穿搭法则，其实越简单越能彰显你的深厚功底！对于恨恨不长高的女孩来说，想让增高顺其自然，最有效的方法便是学会穿衣！不要抱怨你的衣橱里没有魔法宝物，最基础不过的T恤与束腰裤，就能令你轻松增高10厘米，想知道其中的秘诀吗，快来看看我的搭配方案吧！

搭配方案一：素色T恤＋糖果色直筒裤

对自己的身高时刻保持自信，是女孩们对美的一种诠释心态。不要试图掩盖你的矮小身材，利用色彩放大它，你能收获更美的穿着体验！因而，穿着糖果色直筒裤，束腰搭配素色T恤，是你最基础最百搭的选择！这种流传在好莱坞名流圈与街拍达人的方法，是拉长身形且放松心情的不二法门。注意在挑选T恤时，宽松舒适是百搭的关键，避免尝试紧绷的贴身T廓形，会令你看上去滑稽且没有时尚品位。

不要吝啬你身体的每一个优势，如果你有纤长的双腿，那么就用亮丽的长裤来凸显它。注意裤子的长度，到脚踝处最适宜。当然，如果穿着高跟鞋，也可选择复古风格的曳地长裤，垂坠性好的面料会令你看上去更加高挑迷人！

搭配方案二：五分袖 T 恤 + 运动长裤

"耐人寻味的运动风格"越来越受到人们的追捧，女孩们想轻松增高 10 厘米，不妨选择一款个性洒脱的针织运动长裤。无须缀饰的它，宽松而别致的廓形便能帮你赢得高挑身材！不要忘记束腰搭配一件五分袖 T 恤（无论是"男友式灵感"还是从男友那偷来的 T 恤），休闲味浓郁的动感搭配，怎么看都那么率性本真！不要认为它只适合晨跑或者健身，纯色 T 恤适合逛街，印花 T 恤适合派对，涂鸦风格的 T 恤适合音乐节，只需搭配简约的运动长裤，便能诠释百变风格，同时拉长身形哦！

对于休闲运动风格来说，想要营造挺拔修长的身段，那么就需要注意危险信号：裤口的螺纹部分是否过于收紧；腰部是否太过松垮；裤形剪裁有没有笔直流畅；裆深是否过大影响比例……这些细节都需要仔细斟酌，女孩们购买前就应该警惕。另外，坡跟运动鞋也是不错的增高选择，与运动风格相互辉映，不会有突兀感，反而很实用百搭！

搭配方案三：无袖 T 恤 + 弹力皮裤

毋庸置疑，弹力皮裤是雕塑曲线的法宝，但是女孩们往往疏忽了它的挑选与搭配，尤其是对于身材娇小的你来说，更应该谨慎入微。选择一个合适的色系，是穿着皮裤的关键。你可以保守地选择黑色，也可以选择酒红色、枣红色甚至大红色，但一定避免舞台效果的漆皮，会令你看上去有些轻浮；避免选择灰色，看上去会很廉价。束腰搭配上衣，可以选择清爽干练的无袖 T 恤，与弹力皮裤率性的风格相得益彰，更能衬托出你的别致品位！

搭配 TIPS：

对于许多女星名媛来说，弹力皮裤都是酷辣修身的选择！然而，不是所有身材都能穿出精彩。如果你没有金·卡戴珊那样过于丰满的臀部，那么束腰外穿的增高方法是可以考虑的；如果你对自己的腿形不自信，那么可以选择直筒皮裤，也能避免暴露身材缺陷。

搭配方案四：蕾丝装饰 T 恤 + 裸色短裤

想拥有一个甜美可人的外形，同时还能收获高挑身材，其实并没有那么难！对于女孩们来说，可以穿着淡雅清新的蕾丝装饰 T 恤，简洁大方的款式结合古典柔美的蕾丝，定会令你甜美养目。将上衣束进短裤中，记住短裤的色彩一定不要与肤色差异太大，否则会将你的下半身截短——因而，裸色是个完美的选择！其次，卡其色、沙砾色以及大地色系，也是女孩们优雅又修身的短裤色彩。不妨搭配一双高跟鞋，拉长双腿曲线，又增添一抹精致女人味！

搭配 TIPS:

对于身形苗条的女孩来说，选择裸色短裤确实令你看起来长高了许多！然而，如果你的下半身比较丰满，那么这种膨胀的色调就显然不适宜。可以用深栗色、褐色抑或是巧克力色代替，相比之下会有不错的修身增高效果！

搭配方案五：修身印花 T 恤 + 微喇长裤

弥漫着复古风情的衣装总令女孩们心驰神往，而微喇设计的长裤，对于上班族来说，则是不错的增高选择！选择一款简约干练的灰调微喇长裤，配合精致考究的剪裁，它会从纵向拉长你的身形，打造黄金比例。想要告别单调乏味，选择一款深邃又妩媚的印花 T 恤，则能衬托你的不俗格调。记住将上衣束在腰内，是轻松增高的关键！下班后，随身携带一款精致的手包，会令你立马成为派对焦点！

搭配 TIPS：

延续 80 年代的复古风潮，微喇设计的长裤更适合女孩们的日常穿搭。然而，值得注意的是，想要搭出修长感，除了选择高腰细节以及外束穿搭方法外，还应搭配一双高跟鞋来拉长小腿比例，从而达到增高的效果！对于我来说，尖头高跟鞋是搭配微喇长裤的必备。它率性有腔调，与复古风格相应，能碰撞出时髦的火花！

第5节　大胃王的显瘦指南

学会穿衣搭配是许多懒女孩必做的功课。尤其对于难以减掉的局部脂肪，通过实用且时髦的穿衣方法，可以轻松掩盖微微隆起的胃部。对于"大胃王"来说，无须强忍饥饿节食，就能令"瘦身效果"立竿见影！

▨ 青睐黑色

不能说亮丽的色彩会突出你的胃部，但是相比而言，选择黑色衣装会令你告别臃肿。因此，对于局部肉肉的女孩而言，黑色也是不错的"遮瑕"工具！选择黑色连衣裙，可以搭配深色宽腰带，塑造腰腹曲线感，从而成功转移视线；选择黑色的上衣，不紧绷的直筒廓形，抑或是俏皮可爱的娃娃衫，都能够有效掩盖凸起的胃部。选择黑色衬衫时，切记不要束衫穿搭，将衣摆自然放下，比紧绷在裤中显瘦得多！选择黑色的裤子，避免高腰款式，宽松的直筒版型，会令你上下保持匀称，勾勒出自然优美的侧面曲线！对于黑色半裙来说，切忌层叠的蛋糕裙或花苞裙，会令你看上去臃肿不堪，从而破坏身材平衡，令你的"大胃王"绰号名副其实。

▨ 巧借图案

对于顽固的胃部脂肪来说，要想避免被一眼识破，不妨巧借衣服的图案，增强造型的视错感！对于简单宽松的Ｔ恤、衬衫以及套头衫来说，抢眼的印花会成功转移人们的视线。例如，俏皮的卡通图案，抽象的人物头像，诙谐的动物写实，都是有趣而实用的选择！对于连衣裙来说，拥有鲜明对比的撞色图案，会在强烈的视觉冲击下模糊你的腰腹围度，从而带来一个修身有致的曲线。像大面积拼接的几何图案，就是值得"大胃王"运用的时尚元素！

▨ 擅长不规则

拥有不规则下摆剪裁的上衣，不仅仅是个性女孩之宠，同样也成为"大胃王"的作弊法宝！舒适的质地结合宽松的廓形，令你穿在身上没有束缚；不规则下摆的剪裁，营造出鲜明的视觉冲击力。可以搭配经典修身的黑色长裤来平衡这种极强的个性色彩，从而掩盖胃部的小小赘肉。值得注意的是，在挑选面料时，也应避免高弹力、收缩性大的面料，适度选择垂坠性好且轻柔飘逸的面料，会在遮掩赘肉的同时，带来十足的清新雅致气息！

尝试连身裤

对于"大胃王"来说，前卫的连体裤确实是一个规避胖体的选择！尝试一个鲜艳明快的色彩，上下统一的单色更容易勾勒完美曲线。例如糖果色或荧光色等，都可以纳入你的衣柜清单。款式上，性感醒目的 V 字形领口，挂脖设计，抑或是腰间或背部的镂空细节，都会为连身裤带来空气感，从而避免单一乏味，成功转移人们的注意力。搭配一双裸色高跟鞋，修身的同时也会令你姿态挺拔有型！

救急的褶皱

许多女孩认为，自己的身材已经有些发福，那么应该避免选择褶皱类的衣装。其实恰恰相反，巧妙运用褶皱设计，也是大胃王的急救伎俩！选择宽松上衣时，拥有垂坠感的夸张褶皱领围，会巧妙转移注意力；选择高腰线设计的连衣裙，荷叶褶边装饰的 Peplum 风格，会改变造型结构，隐藏小赘肉。冬季，选择一件时髦的绗缝褶皱羽绒服或棉服，也会模糊大胃王的身材缺陷哦！

强调层次感

不要担心多层上衣会令你臃肿不堪，适当的衣装搭配，会令你的造型更加富有层次感，从而掩盖隆起的胃部缺陷！春秋时节，穿着夹克时，在胃部系一到两粒扣，会让你巧妙地遮盖赘肉，达到修身效果！选择宽松的长袖打底衫，外搭短款牛仔夹克，或是小马甲，也会令你看上去时髦又有型！注意在选择打底衫时，避

免纤细的条纹图案，它会轻而易举地暴露你身材发福的秘密哦！在夏季，选择一件舒适贴体的白色吊带上衣，外搭轻盈飘逸的套头雪纺衫，里外长度不一，薄透的雪纺面料会令身材看上去朦胧而美好。或者可以尝试宽松上衣与修身长裙的搭配，在腰间营造的空间感也会令你看上去纤瘦有型！

▧ 紧身胸衣礼服

如果需要穿着晚礼服出席重要的晚宴或酒会，那么对于"大胃王"来说，也要谨慎入微地挑选。对于胃部偏胖的你来说，需要紧身胸衣设计的礼服来帮忙。选择提高腰线的造型，会令你的下半身更加修长，从而转移注意力。无论是双肩、单肩还是抹胸设计，雕塑廓形的紧身胸衣式绝对是重中之重。避免选择弹力针织面料，它会让你在无意间暴露身材缺陷。

第6节 巧用不规则，轻松藏赘肉

　　对于现代都市女孩来说，不规则设计的衣装总能抓住她们的心。不论是下摆长短不一的衬衫，层叠的不规则垂褶上衣，酷似流星尾巴的后摆长裙，还是斜肩单袖的礼服……这些看上去并不奢华的衣装，巧妙搭配起来却绝对华美！而对于"微胖界"女孩来说，不规则衣装更是能轻松藏起赘肉的法宝！掌握以下几种不规则方式，会让你看上去更加纤瘦有型！

▧ 不规则垂褶上衣

　　对于腰部有赘肉的女孩来说，拥有不规则垂褶的上衣，可以轻松抹去你的烦恼！选择单一的香槟色、酒红色、宝石蓝色等高贵的色系，通过光泽亮丽的绸缎面料令垂褶营造出不规则的立体感，从而改变腰部线条结构，掩盖游泳圈与小肚腩。女孩们只需搭配简约的黑色铅笔裙或直筒裤，便能收获日夜兼宜的优雅造型！切忌选择繁复廓形的下装，会画蛇添足破坏你的流畅线条。

▒ 不规则半裙

对于春秋季节来说，不规则的半裙是遮盖身材瑕疵的关键。选择休闲随性的不规则剪裁半裙（在膝盖处长短参差不齐的设计，能够更好地修饰短粗的腿形），搭配经典的套头针织衫。如果你选择了一款艳色或者印花半裙，不妨搭配同样高调的亮色针织衫，两相碰撞出酷辣的欧美街头造型；如果你青睐色调淡雅的半裙，不妨选择中性色套头针织衫，微卷的衣摆会令你更加自然率性。

▒ 不规则连衣裙

尽管每年夏天女孩的衣橱都会大换血，但究竟哪件最适合度假穿着，你也许也犹豫不已。不妨选择一款不规则连衣裙，会令你轻松遮盖赘肉，带来焕然一新的感觉！酷似流星尾巴的前短后长裙摆，既俏皮又实用！前摆长及膝盖，后摆长及脚踝，搭配厚底凉鞋，带来九头身的完美比例！选择单一的纯色增添气场，雪纺或者闪亮的丝绸面料，就算天气闷热看上去也一样优雅飘逸。值得一提的是，如果度假一定不要忘记戴上一顶别致的太阳帽，夸张的宽檐会令你看上去超模范儿十足哦！

〰 不规则针织开衫

对于腰腹部有赘肉的女孩来说，春秋季节选择不规则针织开衫，可以掩盖身材缺陷，令你个性又优雅！对于初学搭配的女孩来说，可以选择简单的色彩：奶油色、灰色、杏色，抑或是黑白拼接，绝对是修身造型的必备救星。如果想要彰显独特品位，可以选择带有小鹿雪花图案的北欧风情开衫，抑或是大胆的糖果色、荧光色、撞色风格，不规则的设计会令你更加随性时髦。内搭 T 恤或背心，带来摩登的层次感，为你勾勒出窈窕优雅的身段！

〰 不规则斗篷披风

飘逸优雅的不规则斗篷与披风是上身偏胖女孩的百搭必备！不规则的设计令你告别肥胖困扰，抛去单一对称的乏味款式，使造型更加多姿百变。穿着修身连衣裙，搭配短款不规则披风，弥漫着优雅绰约的秋日风情；穿着深色修身皮裤，搭配中长款不规则斗篷，宽松灵动的外衣与率性干练的下装结合，达到视觉上的平衡感，无论是选择时髦的尖头高跟鞋，还是酷辣的过膝长靴，都能够成功转移人们的视线，令你散发出温柔迷人的个性魅力！

▧ 斜肩单袖礼服

如果你对自己的上半身不自信，例如宽肩、拜拜肉、粗手臂，那么不妨选择一款斜肩单袖礼服。个性的斜肩设计遮挡大骨架，柔化你的上半身曲线；不平衡感的单袖设计，可以修饰你的手臂与肩膀，带来恰到好处的独特之美。可以选择蕾丝、薄纱等镂空或者透视细节的面料，令你看上去更加清新自然。不必担心这种不平衡感会给人轻浮的印象，选择一副对称耳环，就能让你优雅又端庄，成为派对的焦点！

铅笔裙（Pencil Skirts），因外形酷似笔直的铅笔而得名，是女孩衣橱中至关重要的单品。无论是工作还是休闲场合，它都是优雅完美的选择。你不必为是否赶上时髦而烦恼，因为对于铅笔裙来说，它绝对是永恒经典的，无论是哪种图案、面料或风格，都不会被时装设计师所抛弃。因而，你现在需要做的就是，熟练掌握铅笔裙的搭配技巧，尤其是如何穿上它，展现你的纤长迷人的双腿 —— 学会铅笔裙的高腰搭配，玩转百变摩登你都游刃有余！

Style1. 优雅通勤：提花铅笔裙 + 衬衫

想要摆脱死板机械的办公室造型，那就收起你那条人手一件的纯色西服裙吧！为自己挑选一款精致优雅的提花铅笔裙，利用别样的质地、纹理与细密图案虏获人心！可以选择全部提花面料，也可以选择正背面材质不一的拼接设计，形成鲜明优雅的对比。高腰搭配清新的衬衫（别忘了束衫穿着才得体），稍加创意的撞色衬衫领或零星的碎花图案，会令你个性更加突出！最后搭配一双尖头高跟鞋，让整体造型干练不失女人味！

░ **Style2. 风情都市：蕾丝铅笔裙 + 透视上衣**

弥漫着时髦都市风情的蕾丝铅笔裙，令你端庄优雅的同时，散发出妩媚女人味！想要达到修身效果，女孩们不妨选择一款黑色蕾丝铅笔裙，蕾丝底摆花边更有修饰腿部的效果，用它高腰搭配透视感上衣，效果绝对是无与伦比的！当然，掌握好透视的分寸也很重要，像领口、袖子等局部拼接的透视薄纱，既能带来朦胧的诱惑感，又不会让你的品位看上去太廉价低俗。作为点缀，选择黑金色的夸张耳环会令整体造型更完美！

░ **Style3. 酷辣街头：皮质铅笔裙 + 套头衫**

想要像街拍达人那样穿出酷辣味，不妨在铅笔裙的材质上追求亮点吧！选择亮面或亮色皮革款，绝对令你在人群中大放异彩！如果能增添动物纹理效果，那就再出色不过了。而作为最简单的搭配，圆领套头衫穿着起来既舒适，又能为你的造型注入活力！需要注意的是，高腰穿着铅笔裙一定不能将套头衫拉扯绷直，稍稍在腰上部堆积出褶皱，会显得更加自然得体。当然，你也可以直接搭配短款套头衫，或前短后长的不规则设计，这样就能免去烦扰了。最后，记得佩戴一条金色粗项链，为你的造型增添一抹酷感！

▧ Style4.活力假日：印花铅笔裙＋条纹衫＋草编鞋

如果想要穿出活力四射的度假气息，或者你正在为度假准备行囊，那么一定不要忘记带上印花铅笔裙，它绝对是你修身又惊艳的魔力法宝！可以选择抽象的数码印花，它所带来的视错效果

能够令你看上去更苗条。搭配海魂条纹衫，高腰束衫穿着的方式，更加清爽自如！别忘了准备一双编织风格凉鞋，度假旅游可不能没有它点睛哦！

▨ Style5. 奢华酒会

想不出参加酒会穿什么好？不妨听从我的建议，为自己购买一条璀璨的金属色铅笔裙吧！选择开叉设计，会令你行走间双腿若隐若现，更具诱惑力！高腰穿着时可搭配短款紧身胸衣式上衣，令身材更加凹凸有致。最后别忘挑选一款硕大的鸡尾酒戒指，为你的衣装增光添彩！

第8节 告别扁平臀，包臀裙让你变妖娆

对于臀部扁平的女孩来说，想要打造凹凸曲线感，包臀裙一定是你的首选！收紧的腰部与贴体剪裁的臀部，帮助凸显腰臀部比例，衬托出细腰丰臀的S形身材，让你流露出自然的女人味。如果你想要告别扁平臀，那么不妨尝试一下我的搭配方法，会立刻令你曲线妖娆哦！

⫶ Style1. 优雅通勤

许多女孩担心上班穿着包臀裙会有失优雅，其实只要在色彩和细节设计上多加注意，就能摆脱庸俗感。春夏选择水粉色包臀裙，能够为你的通勤装注入一丝清新活力；秋冬季选择大地色系或中性色包臀裙，会为你的办公室着装增添一抹优雅韵味。细节设计上，可以选择点缀圆形纽扣的款式，能够告别单调设计，为你的造型增添精致感！束腰搭配衬衫，适当提高腰线会令你更加高挑迷人！别忘了穿着高跟鞋，它也是美化臀部线条的法宝！

⫶ Style2. 清新假日

弥漫清新余味的印花包臀裙，是演绎优雅假日风范的法宝。

可以选择精致细腻的小碎花，也可以选择趣味十足的数码印花，但切忌色彩过于浓重，会影响整体的搭配效果。越淡雅清新，越能凸显惬意的度假格调。可以搭配纯色上衣，宽松的设计能与包臀裙的修身廓形形成对比，令身材更加窈窕有致！最后，为你的颈间点缀一款珠串项链，打造更加休闲乐活的造型！

▨ Style3. 活力周末

没有比"自由舒适"更切合周末穿搭的主题了，因而弹力针织包臀裙绝对是你的衣橱必备！女孩们可以选择百搭的黑白条纹款式，上身穿着宽松的套头衫，就能告别扁平臀，营造凹凸有致的曲线效果！可以通过套头衫增加你的衣着趣味，字母、卡通图

案、刺绣，抑或是缀饰，作为局部装饰更加丰富造型感！外出不妨背上小巧的单肩包，解放你的双手，同样俏皮点睛！

Style4. 甜蜜约会

弥漫着浪漫气息的糖果色或荧光色包臀裙，作为甜蜜约会装再适合不过了。裙摆拼接蕾丝或花边，更能衬托出你的独特气质。搭配露肩剪裁的衬衫或上衣，小露一丝妩媚女人味。可以选择与裙色相应的手包，也可以通过裙色与上衣的对比，起到相互辉映的完美衬托效果！

Style5. 性感派对

作为派对的凹造型必备，动物纹印花的包臀裙绝对必不可少！不论你热爱豹纹、蛇纹、斑马纹，还是其他动物纹印花，挑选挺括且富有质感的面料，是穿着包臀裙提升品位的关键！可以搭配抹胸式上衣，Peplum 结构会令你看上去更富有曲线感，掩盖小肚腩的同时，令臀部廓形更加圆润丰满。穿着防水台高跟鞋，为你的造型注入十足的炫酷魅力！

第 9 节　直筒裙，下身水肿的克星

　　无论你是否拥有苗条的身材，直筒裙都值得拥有。尤其是对于下半身水肿的女孩来说，直筒裙更是修身优化线条的救星。这些看似简洁的矩形廓形，可以塑造出个性百变的风情。

　　与铅笔裙不同的是，直筒裙是近乎直身无曲线的，而许多女孩往往将两者混淆。相比后者，直筒裙有更广的适穿人群。直筒裙不分年龄，而于细节中见著精彩的它，同样是日夜皆宜，休闲与正式兼容的单品。女孩们通过穿着直筒裙，令不理想的腰围、臀围得到遮掩，腰、臀、腿保持垂向笔直，从而克服下半身的水肿，并且彰显出个人风采！对于选搭直筒裙，你只需掌握以下几点法则，便能轻松驾驭到完美哦！

▧ 裙长

　　对于下半身线条并不理想的女孩而言，挑选合适的裙长尤为关键。长度及膝的直筒裙适合所有女孩穿着，它们含蓄而优雅，遮盖住不足的线条，令你的身形笔直挺拔。

　　如果想要搭配一个轻松随性的直筒裙，可以选择膝上长10—15厘米的款式，拉长下半身，从而达到修身的视觉效果。

　　如果你对自己的身材没有信心，那么与其选择暴露缺陷的裤装，不如搭配一件长及脚踝的直筒裙，无论穿着高跟鞋还是平底鞋，都一样在视觉上拉长身形。

　　长及小腿的直筒裙需要警惕，因为对于身高偏矮的女孩来说，原本下半身的线条就不理想，再搭配这样的裙长，会吃掉你的一半腿长，效果反而更差。

▨ 面料

　　想要通过直筒裙塑造优美的下半身曲线，面料无疑是非常关键的因素，避免紧绷且弹力十足的面料，是重中之重！例如弹力棉、针织、羊毛等，它们会在无形中暴露你的身材缺陷。

　　对于春秋季节来说，梭织面料、皮革材质，会令你保持一个稳定不易变形的廓形，从而达到修身的效果；对于夏季来说，选择真丝、雪纺、绉纱，以及蕾丝装饰面料，会为你带来轻盈随性的时髦气息，同时遮盖不足的下半身曲线；而在冬季，花呢、圈圈呢面料则能御寒保暖，同样能够打造优美的廓形。

　　丹宁面料的直筒裙经典永不落时，选择极简风格的及膝款式，小露中性魅力的搭配，令你轻松驾驭"他风格"。采用水洗磨白效果的丹宁面料，展现别致的复古风韵。适当添加破洞、撕裂细节的款式，则是摇滚女孩的修身专属！

　　对于派对、鸡尾酒会等重要场合来说，选择光亮的绸缎，唯美的欧根纱，挺括的塔夫绸，以及亮片装饰的硬挺面料，会赋予直筒裙高贵大方的个性魅力，修身的同时，为你增添一抹独特风韵！

▨ 色彩

　　毋庸置疑，黑色无论何时何地都是直筒裙最百搭的色彩。金银丝线的装饰会令黑色直筒裙告别乏味，闪耀出低调含蓄的光芒；酷辣的黑色漆皮直筒裙，备受街拍达人喜爱。除此之外，铆钉、拉链、扣带等装饰，也能将黑色直筒裙穿出帅气的街头风格！

　　生机盎然的春夏时节，选择一个鲜艳的色彩，会令你看上去气色红润、富有活力，同时也会点亮你的心情哦！无论是高饱和的糖果色、霓虹色，高亮度的荧光色，还是清新怡人的水粉色、果冻色，都会令整体富有光泽感，无形间拉近你与他人的距离！

　　对于秋冬季节来说，为直筒裙选择一个迷人的色调，可比珠光宝气更加耐人寻味！沙砾色、卡其色、裸色为你带来柔美的亲和力，海军蓝、军绿色充满率性不羁的硬朗风情，金属色、电光色则成为打造前卫造型的亮点！

▨ 图案

各种各样的图案为直筒裙注入活力，无论是印花、提花、刺绣，还是缀饰等，都成为区别直筒裙风格的重要细节。

作为通勤装，除了基础的纯色直筒裙外，可以选择优雅的格纹和端庄精致的刺绣，都能令直筒裙别具个性的 OL 魅力。避免选择条纹图案，会暴露你的身材缺陷。

外出逛街穿着直筒裙时，可以选择酷辣的迷彩印花、视错效果的几何印花，以及野性不羁的动物印花、抽象的数码印花等，搭配简洁的纯色上衣，带来率性洒脱的街头气息！

对于旅游度假来说，选择长款直筒裙，可以结合小碎花图案，为你注入丝丝的清新与活力！选择图腾印花，扑面而来的异域气息，给人浪漫脱俗的印象。

如果参加派对酒会，可以选择大胆抢眼的亮片花纹直筒裙，抑或是蕾丝花纹、渐变图案等，会为你带来十足的个性气息，从而成为众目所瞩的焦点！

第 *10* 节　过膝裙让你远离胖大腿

在以往的认识中，似乎拥有胖大腿就与美丽的裙子绝缘。虽然我幻想着自己也拥有模特般的完美身材，但直到我发现过膝裙的魔力，才懂得：身材从来都不会左右我们的美丽！即使你与我一样，身体里都存在着那个"喝口水都长胖"的基因，但只要学会挑选搭配过膝裙，就能够重塑自己！当然，翻开妈妈的衣橱，甚至祖母的衣橱，你会发现过膝裙已经有了颠覆式的飞跃。它与"老土""下垂"全然无关，甚至它们更洋溢着其他裙装所无法媲美的优雅魅力！无论如何，在尝试我的搭配方案前，一定要仔细记住挑选 Tips，它有助你尽快找到适合自己的那一款！

搭配方案一：短款毛衣 + 亮色褶裥过膝裙 + 项链

充满青春气息的亮色褶裥过膝裙，是女孩们不可多得的时髦单品！可以选择优雅的百褶款式，也可以选择自然的不规则褶裥，

它们都是遮盖胖大腿的能手！搭配短款毛衣，起到提高腰线的作用，令你的双腿更加修长的同时，流露出复古优雅的迷人风情！最后别忘了为自己挑选一款夸张别致的项链佩戴，这可是轻松进阶 IT Girl 风格的小窍门哦！

挑选 TIPS:

 1. 高度合适

想要瘦大腿，却将身高缩短？绝对不能那样做！如果你是娇小型美女，建议将过膝裙的腰线提高，束衫穿着看上去更高挑。

2. 款式修身

如果你没有纤细的小腿，就尽量不要让过膝裙紧卡在小腿中间。尝试宽松的裙摆或者褶边修饰，会令你的双腿保持纤长。

3. 搭配得当

过膝裙对于鞋履的要求比较高，安全的搭配方法是，选择一款接近肤色的高跟鞋，不要利用差异大的艳色将腿部分段，尝试沙粒色、卡其色、裸色，效果更出众。

搭配方案二：坦克背心＋过膝透视纱裙＋高跟鞋

女孩们经过打扮就能脱胎换骨，让我们禁不住感叹：时尚就像魔术一样神奇！如果你想要让胖大腿消失，就快来尝试过膝透视纱裙吧！虚实结合的朦胧设计，蕾丝、欧根纱等材质拼接，令你隐隐透出一丝性感；搭配黑色坦克背心，让好身材不再是梦想！可以穿着高跟鞋拉长身材比例，尤其是有透明材质拼接或网纱细节的高跟鞋，会令造型更加完美无缺哦！

搭配方案三：衬衫＋A字印花过膝裙＋手包

收腰的A字廓形过膝裙，缤纷的印花赋予了它浪漫迷人的特质。女孩们若拥有这样一款过膝裙，不仅不用担心暴露胖大腿的缺陷，同样会为你的造型注入甜美与活力！可以搭配淡雅清新的衬衫，束腰穿着更具复古气息；可以随身携带一款编织手包，日夜皆宜的造型装扮，是你展露都市魅力与浪漫复古风情的源泉！

第 *11* 节　灵动荷叶裙，化身 S 俏佳人

作为最浪漫飘逸的裙款，荷叶边装饰裙装可以令你轻松收获优雅自由的造型。酷似荷叶边缘的波浪形打褶，可以装饰在领口、袖口、底摆，也可以通过大面积层叠，带来震撼的惊艳感。它不仅是你的风格首选，也兼具着修身、美化 S 形身材的神奇效果！不同部位的荷叶边装饰，有着不同的魔力，女孩们想要将荷叶裙穿出完美效果，一定要牢记我的选购小技巧哦！

▧ 荷叶袖连衣裙，"拜拜肉"克星

臂部小赘肉晃来晃去真的好难看，虽然许多女孩都想摆脱"拜拜肉"，但的确需要长期锻炼，才能将它完全消灭掉。不如为自己挑选一款荷叶袖连衣裙，它可是成就纤细手臂的"拜拜肉"克星哦！通过自然的打褶勾勒出完美的臂部轮廓，随风轻轻拂动，唯美至极！绉纱与真丝是塑造这一立体效果的最佳面料。可以选择宽松剪裁的款式，搭配平底鞋，打造休闲惬意的街头造型；也可以选择收腰的 A 字裙，与裙摆廓形相呼应的荷叶袖，看上去更加自然柔美，穿着高跟鞋与之搭配流露丝丝女人味。

层叠荷叶裙，不做"太平"公主

对于身材纤瘦的女孩来说，如果想要打造凹凸有致的曲线，那么层叠荷叶裙便是你衣橱里必不可少的单品！欧根纱面料是你的首选，它可以让你保持完美的立体感造型，同样轻盈的质地充满呼吸感。挑选印花款式，视错效果更有助于衬托S形身材。注意荷叶边不是层叠越多效果就越好，只需在三围比例处适当层叠荷叶边，就能轻松营造曲线感！不妨搭配镂空高跟鞋，凸显你性感优雅的一面。打造醉人的晚间造型，只需在指间点缀一款夸张亮丽的复古鸡尾酒戒指，便能令你分外迷人！

不规则荷叶摆，秀出筷子腿

如果你对自己的腿型不自信，不妨为自己的衣橱添置一款不规则荷叶摆裙装，它的美化腿形效果绝对不输A字裙与伞裙。建议入手皮质不规则荷叶摆短裙，四季穿着皆宜的它，不仅挺括有型，同样可以变换上衣打造百变风情。如果你是个率性干练的女孩，那用它来搭配套头运动衫与及踝靴准没错！短裙的硬朗与套头衫的随性不谋而合，带来平衡和谐的摩登街头感！

斜肩荷叶领，柔化大骨架

别具优雅风情的斜肩荷叶领连衣裙，不仅令你步履摇曳生姿，还拥有柔化大骨架的神奇功效！对于肩部略宽、线条硬朗的女孩来说，不妨选择一款斜肩设计的连衣裙，结合领部的夸张荷叶边结构，令你散发出娇俏迷人的小女人气息！可以根据身材选择无袖、半袖、长袖款式，切忌选择直筒设计，会令你的身材呈矩形而缺失女人味，稍微收腰贴体就能化解这种骨架弱点，为你勾勒出凹凸有致的曲线！注意在配饰点缀上，一定不要过于复杂，简约的系带高跟鞋，富有光泽的盒形手包，就能为你营造一个魅力十足的晚间造型！

腰间装饰荷叶边，一步到位小蛮腰

令你造型瞬间变 S 的腰间装饰荷叶边，不仅是小礼服的惯用修身手法，同样也适用于雅致的日着裙装。可塑性好的塔夫绸，作为这类裙装的礼服面料，格外亮丽夺目；而对于日间造型来说，夏季可选择轻盈的绉纱面料，秋冬季选择羊毛或花呢也非常优雅有型！注意裙装的收腰与蓬松的下摆设计，与荷叶边装饰结合，令细腰丰臀的线条更加鲜明诱人！可以搭配剪裁流畅的西服外套与高跟靴，温暖又不会掩盖住窈窕好身材！

第*12*节　隐匿在 V 脸美人下的领形法则

　　想要将脸型衬托得更加完美，毋庸置疑，V 形领会带给女孩们更多的便捷。无须为广告中所谓的瘦脸神器而着迷，抑或冒险注射瘦脸针，学会在不同季节、不同场合穿着 V 领时装，你能够最安全地迅速变身 V 脸美人！从通勤商务到休闲娱乐，V 领时装无处不在，为你的衣橱添置几件经典的 V 领时装，你会收获更自然的美丽！

V 领时装适合什么女孩？

　▷ 如果你的脸型比较圆润，下巴宽平，那么选择 V 领时装会在视觉上令脸型更加纤瘦，令下巴看起来更尖。

　▷ 如果你的颈部并不纤长，甚至看起来有些短粗，那么 V 领时装更适合你穿着。

　▷ 如果你想 Show 出丰满的上围，性感的锁骨，小露成熟韵味，那么选择 V 领时装会令你更有女人味。

　▷ 如果你的腰部略短粗，可以尝试深 V 领美化你的腰部线条。

搭配推荐 1：V 领 T 恤 + 牛仔裤 + 单肩包

舒适休闲的 V 领棉质 T 恤，是衣橱的必备百搭单品。除了黑、白、灰的中性色彩，你还可以选择优雅的珊瑚色，灿烂的柠檬黄，俏皮的苹果绿等，为你的造型注入活跃的青春气息！搭配宽松的牛仔裤，男友式设计或磨旧处理，会令你看上去更加时髦洒脱！亮色学院风单肩包是它的精彩搭档，不妨选择这身装束，会令你的休闲气质脱颖而出！

搭配推荐 2：V 领连衣裙 + 太阳帽 + 坡跟鞋

对于喜爱 V 领连衣裙的女孩来说，要想适合度假主题，告别庸俗，提升品位，不妨选择印花款式，更能平衡性感，带来扑面的清新感。可以选择抽象的数码印花，也可以选择民族风情的部落印花，当然，不要涉及太多的镂空、透视等元素，否则效果适得其反。搭配色彩明快的草编太阳帽，穿着坡跟鞋，不仅能够凸显你的姣好身材，还能收获时髦造型！

搭配推荐 3：V 领毛衫 + 衬衫 + 框架眼镜

简约宽松的 V 领毛衫永不落时。它百搭又时髦，可复古，可前卫，可性感，可文艺，对于上班一族来说，只需选择中性色调的 V 领毛衫，内搭白色衬衫，就能收获格调雅致的小资风情。当然，如果作为周末装束，也可以搭配多彩的印花衬衫，外穿亮色

V领毛衫，衬托出你的清新文艺范儿。最后别忘了戴上框架眼镜，即使明星潮人也对这种装扮百试不厌哦！

搭配推荐 4：V 领外套 + 皮裤 + 信封包

无论是通勤还是休闲装束，你的衣橱里总需要一款 V 领外套以备不时之需。如果是上班穿着，可以选择深色垫肩的 V 领西服外套，内搭的衬衫解开 1—2 粒扣，会让你看上去性感干练。下班可穿着奢华 V 领塔士多外套，搭配紧身皮裤，打造率性冷艳的派对风格。值得注意的是，作为 V 领外套的最佳拍档，信封包必不可少！正式场合可选择棱角有型的黑白撞色款，休闲场合可选择触感舒适的印花款，都能合乎造型要求令，整体质感跃升！

搭配推荐 5：V 领礼服 + 长链耳环 + 高跟鞋

想必对每个女孩来说，性感的 V 领礼服都具有致命吸引力！然而如何穿着它才能令你体现出高品位，展露女人味的同时又优雅端庄？不妨尝试深 V 领与抹胸结合的撞色礼服，鲜明的对比感会令你看上去窈窕迷人，同时又能防止尴尬走光。佩戴长链耳环，令整体造型更加摇曳生姿！高跟鞋必不可少，选择比礼服色更深的绒面尖头款式，会令你脚下妖媚，又不会抢去礼服风头。

第13节　西装外套的大码瘦身法

曾有女孩问我怎么选择西装外套。她曾买过价格不菲的合体款式，却自嘲穿得像个粽子，非但没有遮住赘肉，反而更加暴露了体型缺陷。虽然我不否认身材比例完美的女孩能够将合体的西服外套穿得精彩，但对于大多数人来讲，选择宽松的大码款式，才是修身显瘦的出路。不要认为只有胖女孩才与"大码"二字挂钩，即使在模特界，也流行"无大码，不潮流"的修身风格。女孩们穿着大码西装，不仅能够拉长身材，还能够掩盖小赘肉，令你看上去高挑、纤瘦，且品位出众。

搭配方案一：拼色西装 + 小脚裤

尽显女王风范的拼色西装，绝对是女孩们的修身时髦之选！无论是作为通勤装，还是休闲装，都能够彰显你个性且不失端庄的一面。当然，宽松大码设计必不可少，尤其是对于上身肉肉的女孩来说，拼色西装的强烈视觉效果，会为你轻松掩盖小赘肉，令你的身材更加纤瘦有型！彩色与黑色的对比效果是最简洁优雅的，切忌选择设计烦琐的款式，对于拼色西装来说，线条越是简洁流畅，越能衬托不凡的品位。女孩们只需搭配利落修身的小脚裤，一双简单的高跟鞋就能立马令你气质倍增哦！

搭配方案二：印花西装＋连体裤

既要有时髦态度，又要穿出别致品位。对于女孩来说，模糊视觉的印花大码西装也是不错的修身法宝！可以选择清新甜美的花卉印花，也可以选择硬朗朋克味十足的动物印花。对于上班一族来说，格纹印花更能增添优雅气息。如果想打造偏英伦学院风格，也可以选择苏格兰格纹印花西装，装饰个性璀璨的徽章，会令你更加清新自如。而作为搭配的精彩选择，连体裤在其中也发挥了不可忽视的瘦身功效。但不是所有连体裤都可以混搭，上下保持单一色彩，才能拉长身形，令你看上去高挑迷人！直筒修身设计的连体裤最基础百搭，其次是飘逸的阔腿连体裤。夏季穿着超短连体裤，也会令你曲线妖娆，整体看来火辣、活力十足！

搭配方案三：男友式西装＋牛仔裤

想要寻找帅气洒脱的西装款式，不如尝试融入男友灵感的大码西装吧！中性的灰调带来一抹率性风采，结合绉纱或羊毛材质，会令西装外套更加优雅百搭。如果感觉缺乏女人味，可以选择微微收腰的款式，但在设计上要保持极简主义，这样才会衬托出你的不凡品位。搭配一条宽松的牛仔裤，挽起裤脚的穿法会令你看上去更时髦！当然，也可以选择微喇的牛仔裤，会在视觉上达到平衡，令身材比例更加完美。

搭配方案四：丝质西装 + 连衣裙

想要在晚宴中脱颖而出？那么连衣裙与丝质西装的搭配最完美！穿着一件剪裁宽松的大码西装，丝缎材质会令你光彩熠熠，看上去柔美又优雅。可以选择一个百搭高贵的色调，例如香槟金、裸粉色等；也可以选择宝石蓝这样的深邃色调，散发出的低调光芒神秘又奢华。搭配一件剪裁流畅的修身连衣裙，及膝收腰的百褶款式最基础百搭。春夏选择雪纺、欧根纱材质凸显柔美，秋冬选择粗呢、羊毛材质彰显优雅，令你轻松拉长身材比例，修身又迷人！不要忘记披挂的西装穿法才有气场哦！

搭配方案五：皮质西装 + 包臀裙

想要化身街头酷辣的摩登宠儿，皮质西装绝对是你的不二选择。着重于剪裁宽松的大码设计，结合闪耀着低调光芒的皮革质地，瞬间提升廓形感，令你看上去硬朗又帅气自如。而作为当下最平衡的穿搭法，搭配女人味十足的包臀裙穿着，则能展现你妩媚性感的一面。选择膝上10—15厘米的款式，更能打造纤细修长的双腿，刚柔并济下，尽情释放诱人魅力！

提起背带裤，便会不自觉地联想到经典游戏人物马里奥。这个身着背带裤，靠吃蘑菇长大的小人令人忍俊不禁。它的发明者宫本茂在采访中说，之所以让马里奥穿着背带裤，是为了在游戏中更清晰地展示出运动。虽然在上世纪90年代，背带裤成为年轻人的时髦标志，穿上它行动自如，舒适又轻松，但没有款式创新的背带裤很快被人们忘却。但在近年来，背带裤却一跃成为女孩们的衣橱必备品，原因很简单：如今的背带裤不仅样式繁多，而且在功能性上大大改良。女孩们爱它的轻便易穿，搭配起来简单又时髦，尤其是对于骨瘦如柴，怎么吃也吃不胖的"鸡肋妹"，巧搭背带裤，也会令你迎来凹凸有致的春天！

这样穿最洒脱

如果对背带裤的搭配毫无头绪，那么我建议你先从洒脱做起吧！选择一款剪裁时髦的牛仔背带裤，保证肩带可以调节，会令你穿起来更加合体有型。适当的口袋装饰增添趣味性，搭配简单的衬衫，就能彰显不俗的洒脱情怀。海魂风格的条纹衬衫最基础百搭，其次是素雅的印花衬衫。当然，为了避免看上去眼花缭乱，单一的纯色衬衫，也是既安全又时髦的装扮。只要廓形宽松，挽起袖来就能为整体注入潇洒气息！

❘❘❘ 这样穿最简约

　　一听"搭配"二字就头大的女孩，不妨将背带裤穿出连体裤感，这样便大大降低了难度系数。选择一款延伸到胸前的背带裤，宽松的直筒版型更能拉长身材比例，令你看上去高挑迷人。只需内搭白色 T 恤，就能轻松营造出简约时尚的氛围。如果偏爱男孩子气的造型，那么选择灰黑色调的背带裤，会令你更加率性干练；如果喜欢淑媛风格，那么亮丽飘逸的雪纺连体裤也能满足你的装扮要求。可以搭配圆顶呢帽与高跟鞋，让你在配饰上不输华丽感！

❘❘❘ 这样穿最可爱

　　如果你拥有圆润脸蛋与玲珑的身材，那么千万别浪费了这些好条件，巧穿背带裤会让你更加可爱迷人。选择一款色泽亮丽的背带短裤，无论是甜蜜的糖果色调，还是前卫的荧光色调，搭配简洁的圆领套头上衣，都能为整体造型带来丝丝俏皮。可以选择抽绳的收腰设计，凸显你的曲线美；也可以选择饰有蝴蝶结腰带的背带裤，修身又不失可爱的少女味。搭配帆布鞋与学院风格包袋，会让造型更加和谐自如。

▨ 这样穿最甜美

女孩们想要通过穿着背带裤展现甜美的一面，其实一点也不难！可以选择田园风格印花背带裤，搭配简洁白 T 恤，是最安全无误的。也可以选择宽松简洁的牛仔背带裤，搭配波点套头衫，趣味印花背心，娃娃领蕾丝衫，也能为你的造型增添一抹甜美气息。适当运用花卉造型的珠宝、发带等配饰做点缀，也是将背带裤甜美化的方式。但切记：女孩们千万不要从头到脚趾都堆砌着蝴蝶结、花朵等少女味元素，甜而不腻的造型才能赢得人心！

▨ 这样穿最优雅

背带裤本来就属于"减法时尚"，因而，想要穿出优雅感，最有效的办法便是营造层次感。除了添加荷叶边等层次感的设计外，通过搭配宽松的针织长衫，酷辣的机车夹克，中性的棒球外套，剪裁精良的西装外套，抑或是奢耀的皮草，也会令你的背带

裤造型别致而耐人寻味。对于松垮廓形的外套而言，选择修身利落的背带裤更能勾勒优美曲线。而如果选择剪裁合体的外套，那么适当直筒的设计也能将身形拉长修饰到位。最后，别忘了帽饰、围巾、手套以及高跟鞋，带上这些让女孩更优雅的宝物，优雅自然与你不期而遇。

▨ 这样穿最性感

将背带裤穿出性感风情不是仅仅将裤长缩到最短就能奏效，巧妙地选择搭配服饰，也能令你透出自然的 Sexy！可以穿着露腹的短上衣，在侧面令小蛮腰立现。搭配黑色丝袜，不仅修饰双腿，同样令你妖娆妩媚。当然，从背带裤的材质入手，也能令你充满诱惑韵味。例如皮革、透视薄纱，抑或是镂空设计等，都能收到不错的效果。最后，不要忽视墨镜与高跟鞋，这可是必备的两大性感利器哦！

▨ 9 个穿出时髦背带裤的小技巧：

1. 用背带牛仔短裤搭配丝袜。

2. 恰如其分的磨白处理与破洞、撕裂细节。

3. 把双肩背带变成单肩甚至无肩带，发挥小创意。

4. 搭配纤细的腰带，让背带裤不单调乏味。

5. 穿着小披肩，将其系成蝴蝶结造型，自然垂在背带裤之上。

6. 腰间随意围系格子衬衫，小露叛逆英伦气息。

7. 选择时髦的单肩包，斜跨或单肩背。

8. 不忽视帽子与鞋子的强大功效，灵活混搭配饰。

9. 挺胸、收腹，摆出优美的 Pose，让穿着背带裤的你更加高挑修长。

第15节 巧选几何图案，显瘦有妙招

　　虽然女孩们常常把"瘦身"挂在嘴边，但事实上，瘦身确实需要一个过程，甚至可以说是漫长的过程。因而，看到那些骨感的女孩，我们常常会抱怨，只有瘦女孩才有美丽的资格。但如果你能掌握一些时尚秘诀，便可以在视觉上轻松化解瘦身难题。其中，学会挑选和搭配几何图案裙装就是一个聪明的捷径！

　　虽然我喜欢规律的，或称作棱角可循的图案（例如条纹），但相比几何图案，我更喜欢后者的无拘无束。条纹对于身材有很多要求，但几何图案裙装恰恰相反，你只需把它带回家，它永远是那件在你不知穿什么好的情况下最棒的选择！它对身材几乎没有限制，尤其是错综复杂的几何图案与极简的几何图案，更有奇异的瘦身效果！

Style1. 复古淑媛派

　　充满浪漫复古情怀的几何图案裙是日夜皆宜的优雅选择！那些排列规则的几何形：菱形、方形、六角形……无论是平面还是立体呈现，都为女孩的衣裙增添一抹神奇的色彩。可以结合长袖收腰的长摆款式，也可以选择无肩带短款连衣裙，都会

为你增添些许俏皮气息，同时掩盖小赘
肉。夏秋季搭配宽檐毡帽适合度假旅行，
冬春季搭配大廓形外套，御寒的同时又
别致优雅！

Style2. 都市前卫派

　　总有那么一些女孩，讨厌纠结于穿什么、怎么穿的问题，那
就不妨选择一件黑白几何图案裙吧！它不仅通吃所有身材，还拥
有前卫且显瘦的魔力！想要彰显出别样个性，选择不规则的黑白
几何图案，会令你看上去更加抢眼时髦；如果是出席正式的场合
或者作为通勤装，那么对称的黑白几何图案，尤其是利用色块拼
接形成的视觉错觉，更能令你看上去端庄秀雅，身材凹凸有致！
关于配饰方面，最强调的是廓形与色彩。可以稍加彩色点亮整体，
但不宜过多。搭配造型感的鞋子与硬廓形手袋，会更符合前卫的
装扮。

▨ Style3 . 俏皮少女派

　　值得一提的是，几何图案不仅可以"瘦身"，还有神奇的减龄作用。尤其是不规则组合的几何图案，像勾起儿时回忆的七巧板造型，抑或是随意拼接的几何图案，都散发着诙谐可爱的青春气息。女孩们不要害怕色彩繁多会眼花缭乱，越是鲜明的撞色越能弱化身材的缺陷，从而突出你的天真个性！可以搭配花朵形、动物形以及卡通形等趣味风格的手包，无须冗余的珠宝缀饰，你就能脱颖而出！

▨ Style4. 浓郁民族派

　　提到几何图案，一定少不了提及民族风情。那些充满民族气息，抑或是土著情怀的几何图案，成为了女孩们表达个性的选择。无论是与蜿蜒曲折的波纹结合，还是与彩色条纹穿插层叠，总能令我们痴迷不已。如果是旅游度假，可以选择宽松曳地的罩衫裙，细腻的几何图案会令你看上去更加风情万种。只需挑选一款闪耀的金属色凉鞋，或者一款飘逸的流苏包袋，就能衬托出你的洒脱气质！对于日装来说，选择剪裁考究的抽象几何图案裙装，不仅洋溢着浓郁的民族情怀，也令你看上去气色极好！可以适当搭配异域风格珠宝，会为你的个人品位加分哦！

第*16*节　经典 Peplum，水桶腰的克星

1947 年，设计师 Christian Dior 推出了"New Look"，这在时装界成为了二战结束的标志。女性摆脱那些僵硬且毫无曲线感的衣服，一系列时装设计都在强调细腰丰臀，令战后的女性恢复了柔美华丽的姿态。其中，"Peplum"的发明可谓紧握流行脉搏，成为了流传至今依然大受欢迎的重要款式设计。它以短窄的裙摆形装饰在服装的腰胯部，像小裙子一般，令腰部看上去更加纤细，臀部更加圆润丰盈，从而衬托出女性的玲珑曲线美。

无可否认，Peplum 绝对是水桶腰的克星，它是那样富有魔力！从基础的圆润廓形，到变化的褶边、荷叶边、花边……甚至结合各种图案与面料，营造出千变万化的时髦风格。它为你的衣装注入戏剧性的魅力，也令纤细腰身一览无遗，如此一举两得的时装款式，你绝对值得拥有！

单品推荐一：Peplum 连衣裙

无论是充满建筑色彩的 Peplum 设计，还是结合自然的褶边、荷叶边等打造的 Peplum，都是水桶腰的强劲克星。可以选择腰线上移的款式，不仅轻松掩盖腰间赘肉，还拉长你的下半身比例，令双腿看上去更修长！对于工作或较为正式的场合来说，

穿着纯色 Peplum 连衣裙，搭配剪裁考究的西装外套，更具优雅迷人气质。如果是参加派对或约会，不妨选择撞色或面料拼接的 Peplum 连衣裙，搭配精致的小外套，充分展现你的个性魅力！

▨ 单品推荐二：Peplum 印花半裙

如果你在发愁如何穿着惊艳且遮盖水桶腰，那么最简单的方法就是购买一条 Peplum 印花半裙，用它来搭配衬衫、T 恤，绝对没错！其中这三种廓形最百搭：直筒、铅笔、包臀。可以根据自己的臀围挑选合适的款式。如果作为通勤装，可以选择抽象的数码印花或干练的几何印花，搭配白衬衫与西装外套，令你的时髦度跃升。如果休闲逛街，可以选择清新的花卉印花或轻松的涂鸦印花，搭配简单 T 恤与牛仔外套，就能令你的造型耳目一新！如果是约会或参加派对，那么可以选择狂野性感的动物纹印花，搭配丝缎上衣与皮质夹克，率性不失女人味！

▨ 单品推荐三：Peplum 上衣

无论春夏秋冬，Peplum 上衣都是衣橱里不可或缺的必备单品！春秋季选择针织或粗花呢面料的 Peplum 上衣，拼接设计更添俏皮气息；冬季外披一件宽松的素色大衣，就能打造时髦又舒适的高街造型；夏季选择亮色 Peplum T 恤或无袖款式，无论单穿还是叠搭，都具有强烈的显瘦效果。下身穿着贴身剪裁的半裙或裤子，更能勾勒窈窕多姿的曲线！女孩们只需购买夏秋两款，就能玩转四季风格！

单品推荐四：Peplum 夹克

如果你厌倦更替 Peplum 上衣与裙装，那不妨就尝试一下经典百搭的 Peplum 夹克吧！选择一个喜爱的纯色，长度及腰或及臀都可以，但要避免过于宽松的廓形，因为要通过 Peplum 设计

重塑腰线，如果剪裁不合身，就会无形间减弱 Peplum 的效果，看上去邋遢并毫无造型感。女孩们可以搭配贴身的半裙或长裤，穿着高跟鞋会令身材比例更完美！

◤ 单品推荐五：Peplum 礼服

对于腰部有赘肉的女孩来说，最痛苦的事情莫过于无法穿修身礼服。其实，如果选择 Peplum 款式，你完全不用担心暴露身材缺陷！最关键的挑选技巧就是，Peplum 部分选择不同的材质，像是轻盈的羽毛、飘逸的流苏、朦胧的蕾丝等，既能为礼服注入繁复奢华的气息，又能营造凹凸有致的完美身段，还不马上为自己储备一件！

第17节 宽松卫衣，微胖界的福音

相信对于许多人来说，卫衣都不是个陌生的词。这种与美式嘻哈文化紧密相连的时装，却在多国有着不同的内涵。在20世纪的30年代，卫衣便在美国崭露头角。它分为连帽的套头设计与连帽的拉链设计两种，起初是为了抵挡严寒，但也流露出时髦的一面。卫衣受到不同年龄阶段的人欢迎，不仅玩音乐的酷男喜爱穿着卫衣，上学的孩童穿着可爱的卫衣，同样，卫衣也成为女孩衣橱里的必备单品，它宽松舒适又修身的直筒设计，绝对是微胖界女孩的福音。

搭配套餐一：纯色拉链卫衣＋涂鸦T恤＋修身牛仔裤＋棒球帽

想要阐释动感又有型的高街风情，不妨选择一款纯色拉链卫衣作为你的造型首选。长及腰间的直筒廓形，带来舒适又洒脱的休闲气息。内搭富有个性的涂鸦T恤，告别单调乏味，张扬出不羁青春格调。值得注意的是，如果不想让整体看上去松垮又懒惰，那么对于下身的牛仔裤来说，就要选择修身剪裁的款式，在视觉上达到平衡。当然，如果你想穿出时髦，将裤边卷起绝对是可行的计策。戴上一顶富有个性魅力的棒球帽，无论是遮阳还是掩盖倦容，都十分酷辣帅气哦！

搭配套餐二：字母印花卫衣 + 牛仔裤 + 针织帽

对于许多走摇滚路线的欧美女星来说，一件宽大的字母印花卫衣，绝对是快速出行又即兴耍酷的法宝。值得注意的是，愈是简约的设计愈能彰显随性格调。像是通身黑色，只有一串酷酷的字母印花装饰款式，最能彰显出你的前卫感。对于外出休闲娱乐或逛街 Shopping 的女孩来说，下身可以选择牛仔裤，既展现苗条身材，又流露丝丝酷辣。最后，别忘了戴上保暖又时髦的针织帽，会让你的造型更加俏皮完美。

搭配套餐三：亮色卫衣 + 毛边热裤 + 趣味太阳镜

对于卫衣的喜爱，远不止于逛街或健身穿着，同样，参加派对、轰趴，以及各类音乐节时，我也常常穿着卫衣。当然，想要营造一个活力四射的风格，还需谨记着重亮色的挑选，像是糖果色、荧光色以及金属色等，都能够将卫衣穿出与众不同的 High 味！可以搭配毛边设计的热裤，会拉长身材比例，修饰粗大腿。如果还觉得不够耀眼，不妨挑选一款俏皮的太阳镜，也能为你的造型增色不少！

搭配套餐四：机车夹克 + 轻薄卫衣 + 瘦腿裤 + 皮靴

将街头单品混搭起来，最有型的选择莫过于机车夹克与卫衣。这两者看似风格各异，却能碰撞出酷辣不羁的休闲风情！穿着一款轻薄的卫衣，无须多余缀饰，舒适宽松的版型就很百搭。与黑色机车夹克搭配，将卫衣的连帽翻出，会令你看上去更摩登！如果想要将酷辣进行到底，不妨选择剪裁流畅的瘦腿裤，勾勒出你的纤长下半身。当然皮靴必不可少，如果偏爱朋克风格，铆钉装饰也是一大吸睛亮点哦！

搭配套餐五：短款卫衣 + 运动裤 + 便鞋

最惬意的秋冬穿搭莫过于卫衣与运动裤的组合。想要营造出完美的九头身，就要选择短款的卫衣。可以搭配运动长裤，色彩抢眼的糖果色会凸显你的完美腿型；选择优雅的黑灰色则会修饰小粗腿，带来纤瘦的视觉效果。天气渐冷时，可以外搭棉衣或羽绒服，一样动感有活力！舒适的便鞋是它的绝佳搭配之选，可以将裤腿稍稍挽起，露出脚踝，更能展现你的时髦风采。

第三章

Chapter Three

挑 战: 潮 人 的 衣 橱 心 机

第 *1* 节 "衣"如既往的赫本式优雅

奥黛丽·赫本曾说道:"为什么要改变?每个人都有自己的风格。当你找到它,你应该坚持下去。"这种执着且我行我素的时尚理念,不仅深深打动了时装设计师、好莱坞明星,以及海内外的时尚达人,同样也令奥黛丽本人成为一个永恒的美丽楷模。

打开她的风格衣橱,无论是男孩子式的宽松衬衫、剪裁考究的七分裤,还是简约别致的小黑裙,都弥漫着自然的芬芳气息。不需要太多的华丽装束,那些历久弥新的赫本式衣装,是每个女人值得拥有的优雅选择!女孩们想要像赫本一样优雅,不妨从打理你的衣橱入手吧!

◎ 小黑裙,一个优雅的开始

想到约会装,女孩们会马上钻进衣橱里,挑出那件桃粉色连衣裙。等等姑娘,这已经不是芭比的年代了,换件小黑裙,给自己一个优雅的开始吧!《蒂凡尼的早餐》中奥黛丽·赫本的黑色礼裙虽然无法穿入现实,但无袖的小黑裙还是备受优雅人士喜爱。不要刻意显露你的"事业线",含蓄的船领搭配一串珍珠项链,远远比"波涛胸涌"高贵得多。

白衬衫，交际圈中的别致上装

如果说女人的善良与温柔能融化一切，那么白衬衫则是让你成功踏入交际圈的别致秘籍。丢掉你衣橱里那些千篇一律的职业衬衫吧，它们绝对是让你与好人缘失之交臂的霉物。仔细挑选几款复古别致的衬衫，一点男友的灵感，一点宽松的设计，一个新颖的小翻领，几粒优雅的纽扣，都是让别人对你刮目相看的理由。

高腰裙，时刻像公主一样挺拔

《罗马假日》里奥黛丽·赫本化身安妮公主，虽然褪去公主裙，却依旧保持着挺拔窈窕的气质。究其缘由，高腰裙绝对功不可没。过膝高腰裙搭配白衬衫，令人看上去精神饱满、清爽有型；选择腰线上移的连衣裙，也有拉长身材比例的绝妙效果。也许你没有赫本 22 英寸的小蛮腰，但高腰裙绝对是让你身材凹凸有致的灵丹妙药！

西装，穿出女人的温柔

奥黛丽·赫本衣橱中出现最多的品牌莫过于纪梵希了，而设计师休伯特·德·纪梵希不仅为她添置了惊艳的戏服，还点亮她的日装。荧幕下的赫本喜欢西装，尤其是纪梵希经典的西装——长度刚好过腰的七分袖西装，宽松的袖形，微收的腰身，甜美的圆扣，加之恬淡的色彩，成为风靡至今的优雅款式。对于女人来说，拥有这样一件百搭的西装，温柔自然与你拉近距离。

蕾丝裙，原汁原味的纯净

细腻与刻薄总是女人不好把握的态度，就像蕾丝裙的挑选一样。奥黛丽·赫本获得奥斯卡奖的时候，穿了时装大师伊迪丝·赫德（Edith Head）设计的白色蕾丝裙，象牙白的蕾丝花朵裙是当时最具代表性的礼裙之一，做工上无不精致，却运用了极简主义的造型，这令赫本散发出一种简单的灵动美。虽然当下的蕾丝裙花样百变，但原本就十分细腻的它就不需要复杂的款式了，保持纯净的色彩，会令你更加原汁原味。

七分裤，考究态度的精髓

远离那些短到夸张的迷你热裤，要想让自己优雅起来，七分裤才是最明智的选择。当然，规矩考究的剪裁也是关键之一，膨胀的哈伦裤或垮裤想都不要想，那些与优雅毫不沾边的廓形会令你看上去邋遢又颓废。生活中的奥黛丽·赫本喜欢得体的七分裤，无论是卡其色、白色、黑色，还是淡雅的条纹、小几何图案，都是考究态度的精髓。

衣橱之外的优雅

芭蕾鞋 自幼学习芭蕾舞的奥黛丽·赫本，不仅保持芭蕾舞演员般从容挺拔的身姿，还喜欢穿着平底芭蕾鞋。优雅的中性色结合俏皮蝴蝶结，是漫步街头的优雅选择。

围巾 春夏的丝巾，冬日的羊绒围巾，对于一个优雅的女人来讲，是必不可少的配饰。奥黛丽·赫本曾在《罗马假日》中以简单的条纹丝巾掀起时尚潮流，而私下里的赫本也很喜欢纯色小丝巾。将莹亮的绸缎质地的它简单对折成三角形，宽松围裹在头部并在颈下系上俏皮的蝴蝶扣，会散发出别样的优雅气息。冬日围系一款素色长羊绒围巾，中性的色调饱含亲和力，流露丝丝入扣的典雅韵味。

　　腰带　拥有 22 英寸迷你腰围的奥黛丽·赫本与强调女性胸臀的潮流相悖，一条纤细的纯色腰带环绕腰间，令她的纤瘦身材脱颖而出。无论穿着高腰裙还是裤装，她都同样窈窕迷人，淑雅不落俗。

　　珍珠项链　奥黛丽·赫本从来不佩戴名表，但这不能说明她不追求精致。一串莹润富有光泽的珍珠项链，绝对是女人的细腻所在。再简约的裙装，只要是抹胸或者船领、圆领，搭配白色珍珠项链都不会错。

墨镜 1964 年，奥黛丽·赫本的一副猫形墨镜开启了一股墨镜热。的确，无论是猫形墨镜、圆形墨镜，还是中性风格的飞行员墨镜，掩盖疲倦的双眼，它是最美丽的借口。

▨ 优雅之内的心得：

个人非常崇敬奥黛丽·赫本，虽然她早年离世，但留给世界的回味却是那样绵远深长。"美丽不止是容貌，更在于她的灵魂。"她的美丽与优雅，让我渴求去洞悉她的内心世界。阅读奥黛丽·赫本的个人传记，反复回味她主演的电影，穿衣之外的优雅，还有很多值得我们一起去探索。

第2节　钟爱一生的香奈儿套装

可可·香奈儿（Coco Chanel）曾说："一个女孩需要必备两样东西——优雅与美丽。"这位卓富远见的时装设计师不仅开创了香奈儿帝国，还为爱美的女人打造了传奇衣橱。在以精美的山茶花胸针、优雅的菱格纹包、百搭不厌的小黑裙等为代表的经典单品中，香奈儿套装一直走在前端，成为影响女性着装的辉煌产物。

▨ 经典的香奈儿套装

在喧嚣的 20 世纪，女人们褪去束缚身体的紧身衣，却还没有找到真正的合身日装。就在那时，著名的香奈儿套装应运而生了。这是继香奈儿五号（Chanel No.5）香水之后，可可·香奈儿的重要力作。以剪裁合身的外套与及膝短裙组成的香奈儿套装，成为 20 世纪 30 年代解放女性的最佳衣着形式。面料上多选择黑色的羊毛材质，金色的纽扣成为套装的优雅细节，而与之搭配的夸张珍珠项链，也成为之后香奈儿品牌时装的重要象征之一。

每次看到可可·香奈儿的旧照，我都感到痴迷不已。虽然 Chanel 品牌时装有大把的超模演绎，但在我看来，最美的模特却是设计师可可·香奈儿本身。她穿着剪裁考究的圆肩外套，黑白搭配经典脱俗，颈间总是佩戴着多串珍珠项链，像瀑布一样带给人最震撼的华丽视觉效果。一顶浪漫的小礼帽，黑色丝带缠绕于上，打成蝴蝶结样式，非常纯美优雅。

香奈儿套装的魅力巧搭

香奈儿套装的创新搭配是许多时尚人士都津津乐道的。在我看来，除了原本的外套与半身裙搭配，还可以幻化出多种优雅的搭配方式。

首先说香奈儿外套，它搭配百褶裙，流露的复古情调会非常迷人。敞怀搭配白色丝质衬衫，下身穿丝质的包臀裙，这就是一套小露性感的 OL 装；与缎面或者羊毛材质的超短裙或者热裤搭配，会是脱俗的性感打扮；用夸张的宽腰带将香奈儿外套束起，下身搭配铅笔裙，也是独具优雅风情的装束。

其次，对于香奈儿套裙来说，上衣的几种经典搭配也是非常吸睛的。对于春夏季来说，可以搭配束腰的短袖外套、垫肩小西装外套、一字领的无袖上衣等，会衬托出女人的干练气质，展现出强势冷艳的一面。当然也可以搭配雪纺纱的包肩上衣、泡泡袖或灯笼袖的丝质衬衫，体现女人柔美妖媚的一面。对于秋冬来说，可以搭配针织娃娃衫、收腰的蝙蝠袖衫、圆领的宽大套头衫，彰显出俏皮灵动的气质。长过腰的羊毛外套、格纹呢短外套、大翻领的花呢外套等，则会令女人流露出优雅的古典情怀。

配饰方面，如果是淑媛派，可以搭配珍珠项链、水晶耳饰以及浪漫的山茶花胸针等，纯美少女气息会扑面而来；如果是作为高街穿搭，可以选择酷辣的粗链条手镯、铆钉包，以及多股项链的混搭，与灰冷色香奈儿套装相应，弥漫着高贵又冷艳的街头风情。值得注意的是，如果选择丝袜的话，灰色丝袜最适合与秋装搭配，彰显优雅气质；而黑色丝袜则搭配春夏装，带来神秘的名媛气息。如果掌握了这些搭配技巧，不难看出：无论是香奈儿套装还是小香风格套装，都一样是最简单、最精彩的！

可可·香奈儿凭借一套经典的香奈儿套装，让女人打遍天下无敌手。没有招摇过市的卖弄，没有低调无光的暗淡，一位设计师，一套时装，一个经典的风情，阐释了女人一辈子的穿衣哲学。

▨ 风靡现代的"小香风"

　　如今的 Chanel 掌门人卡尔·拉格菲尔德（Karl Lagerfeld）依旧视"小香风"为珍品并延续这种纯粹的味道。通过美妙的粗花呢、斜纹软呢等材质，增加金银丝线，并混合钉珠、刺绣、亮丽涂层，甚至链条元素，将香奈儿套装演绎出绰约百变的女人味。"生活的艺术不是贪图一时之快。"卡尔·拉格菲尔德以这样的话语告诉我们，香奈儿套装精髓远不止光鲜亮丽的表面，由内而外散发出来的气质，才是可可·香奈儿毕生孜孜以求的精华。

通过近几十年来的香奈儿秀场展示，我看到了香奈儿套装无论如何被细分或者被创新，都无法支离破碎。浪漫的桃粉色、蕊黄色、宝石蓝、薄荷绿、珍珠白……为香奈儿外套披上了绚丽的都市色彩；五分袖、七分袖、短袖，甚至无袖的袖形创新，令香奈儿外套无论春夏秋冬都可以穿着；垫肩以及膨胀的圆肩改良，令穿着它的女性散发出强大的气场；门襟上贴缀的立体花朵，散发着柔美的少女气息；水晶、珍珠、亚克力等装饰材质，令香奈儿外套熠熠生辉，成为明星名媛的闪耀单品。而对于香奈儿套裙来说，虽然廓形一直保持着简约的直筒，但在设计细节、面料运用，以及长短上都有了千变万化的风情。

第*3*节　海军蓝色单品，轻松获得好人气

海军蓝色几乎是四季常备的衣橱色彩。从早春的轻薄上衣，到夏季的各式裙子，秋季的针织单品，以及冬日的夹克外套，它似乎无所不在，有与黑色一争高下的夺冠架势。正是由于这种色彩源于英国皇家海军制服色，因而通过巧妙选搭，你可以轻松穿出高贵气质。不妨为你的四季衣橱融入一点海军蓝色，它不仅显瘦苗条，而且可以提升你的穿衣信心，增强你的时尚品位，让你轻松获得好人气！

░ 清透一点更清新

如果你想穿着海军蓝色单品，让自己看上去更清新，那就不要让密不透风的面料占据主角。适当挑选清透的面料，如雪纺、真丝、绉纱，抑或是蕾丝材质，都会为你增添一丝通透感，赶走肃穆古板，彰显俏皮飘逸的一面！当然，你也可以选择拼接透视薄纱的海军蓝色单品，这是当下无可阻挡的趋势。领口、袖口，或者腰间、后背等处透视感设计，让你的造型更加个性鲜明，而实际上这类单品也并不贵！

海魂风不可少

与白色相间的海军蓝色条纹图案是海魂风的代表风格。这种看上去毫无杀伤力的风格，恰恰是最受热捧的！看看街头潮人的四季街拍，它出现在各种搭配中，堪称无所不在！聪明的你，难道不认为这是一个漂亮的杀手锏吗？！因而，从简单的女衫，到度假长裙，你至少要有一件海军蓝色条纹单品。无论你佩戴什么样的珠宝，搭配什么样的包袋与鞋子，就算再夸张、再绚丽，也都优雅不为过！

黑色的完美替代品

海军蓝色的确是修身显瘦的色彩，就算你拿它与"瘦身王牌色"——黑色相比，效果也不差上下！而值得庆幸的是，海军蓝色同样属于任何场合穿着皆宜的色彩。如果你想要在茫茫小黑裙中脱颖而出，那就不妨用海军蓝色连衣裙作为它的完美替代吧！同理，上衣、半身裙、短裤，甚至连身裤等，你都可以换换口味，尝试一下高贵又苗条的海军蓝色单品，绝对会带来意想不到的惊喜！

多一点图案，多一丝浪漫

即使宠爱海军蓝色，也没有必要将浪漫拒之门外，多一点图案设计，会令你的单品更加诗情画意！如果你偏爱淑女的风格，那么可以尝试白色蕾丝或刺绣装饰的连衣裙，它们的点缀会令你看上去更加楚楚动人；如果你正在寻找惊艳的办公室风格，那么印花的海军蓝色铅笔裙则会令你的通勤装雅致不失时髦趣味！同样，将浪漫的印花图腾融入夹克、外套，以及毛衣上，也会让造型更加多姿多彩！

缤纷珠宝点缀更精彩

深邃优雅的海军蓝色，不仅能够修身显瘦，也是打造全天候优雅装束的好搭档！然而对于欢乐的派对聚会场合来说，你需要为它锦上添花，才能告别低调，焕发出迷人魅力！蓝绿色系项链是它的点睛法宝之一，你可以搭配海军蓝色连衣裙、套头衫，为你的颈间增添一抹神秘梦幻气息！其次是夸张亮丽的巴洛克风格耳环，它能够点亮海军蓝色单品，为造型注入年轻活力。不要小看珠宝的点缀效果，它可是让你脱颖而出的时髦利器！

　　对于明星来说，走红毯最具吸睛效果且优雅含蓄的礼服，非裸肩款式莫属了。然而，并不是所有的裸肩设计都运用在礼服上，女孩们的日常上衣、连衣裙，都可以结合裸肩元素，将性感风情绽放出来。虽然"裸肩"顾名思义就是要将肩部的肌肤裸露出来，但具体说来，它的设计方式分为三种：肩部挖空、落肩以及抹胸。

　　在为女孩们送上我的单品推荐前，先要强调裸肩装的注意事项，这是至关重要的。对于首次尝试裸肩款式的女孩来说，耐下性子仔细看完 Tips，才能穿好看哦！

TIPS:

　　1. 首先，确定体形是必要的，除非你拥有完美的沙漏形身材，否则就要斟酌款式了。把自己像粽子一样包裹起来，最暴露身材缺陷，而如果选择太过宽松的款式，又显得有些漫不经心。因而，不论你选择哪一种裸肩款式，上紧下松的设计总是适合大多数女孩。

　　2. 对于裸肩装来说，焦点必然在肩部，如果你不想被别人嘲笑，就尽量不要暴露丰满的乳沟，否则会显得极不得体。

3. 许多女孩穿裸肩裙，会不经意地露出彩色肩带，这可是时尚界的大忌（就像穿凉鞋露出袜子一样庸俗多余）！因而，想要将裸肩穿得优雅，就要选择无肩带胸罩，或者透明肩带也可以帮你蒙混过关！

　　4. 如果你的腋下有赘肉，就不要选择抹胸款式了。尝试一下肩部挖空以及裸肩的款式，遮盖住你的小赘肉，会更为得体哦！

　　5. 对于许多走红毯的女星来说，寒冷的冬天绝对不会单穿一件裸肩礼服，围上一条时髦的皮草披肩，或者搭配一款风格相近的披肩，会更完美恰当！

单品推荐一：Peplum 抹胸连衣裙

在腰部饰有短摆或者荷叶边形的 Peplum 抹胸连衣裙，最适合身材纤瘦的女孩，选择胸部贴身剪裁与铅笔裙形款式，更能衬托完美的曲线身姿。白天可以披挂剪裁考究的西装外套穿着。外套选择纯色，连衣裙选择印花款式更完美！对于急赴派对的你来说，褪去西装外套，马上就能成为人群中的焦点哦！

单品推荐二：落肩短上衣

落肩短上衣永远是经典俏皮的，它可以让你拥有百变的休闲魅力！可以选择一件半袖落肩短上衣，单穿或是内搭彩色吊带背心都可以，舒适又小露性感魅惑！下身穿着牛仔热裤，带来不羁的青春气息。女孩们可以大胆选择磨旧处理或 Boyfriend 款式，会为整体搭配增添一抹帅气风情！

单品推荐三：露肩雪纺礼服

想要流露性感又不想过于豪放？想要展现白皙肌肤又不想暴露身材缺陷？那么选择露肩雪纺礼服一定不会错！纤细的肩带会令你看上去更有女人味；利用荷叶边、木耳边等元素，能够令整体看上去更加灵动妩媚；肩部挖空的雪纺袖，不仅遮盖拜拜肉，同样带来飘逸唯美的清新感。女孩们不必纠结于其他设计细节，只要线条足够流畅，再佩戴一对水滴形耳环或者多环手镯，相信我，你绝对是众目所瞩的焦点！

第5节 硬廓形外套的震撼感

不同于贴身剪裁的外套，具有 3D 立体感的丰盈硬廓形逐渐成为女孩衣橱的主角。圆肩或尖锐的方肩，蜂腰设计，以及充满建筑气息的风格等，都达到了重塑身材的奇效。这种外套虽然被称为硬廓形，但实际上，这却是造型感极强的一种阐释，面料并非僵硬，而是舒适具有可塑性。它具有强烈的视觉冲击力，即使是简单的夹克，注入硬廓形风格后，也会变得霸气, 颇富震撼感!

穿着雷区

虽然女孩们痴迷这种风格，但如果你拥有大骨架，尤其是宽肩，那么绝大多数硬廓形外套不会适合你。但你可以利用一些小技巧，规避这些坏效果。

技巧 1：避免选择单一的色彩，繁复的印花或图案会减弱僵硬感。

技巧 2：材质上避免皮革类硬廓形外套，多选择一些飘逸的纱质面料，例如雪纺、绉纱等，或利用双层面料的叠加，营造出梦幻空灵感，从而打破僵硬的效果。

技巧 3：肩部造型上，与其选择方正尖锐的方肩，不如选择圆肩更生动，它可以起到一定的柔化曲线的作用。

技巧 4：可以利用不规则的设计，或者解构设计，重新布局你的身材，让硬廓形展现出多变感、不平衡感，从而减弱僵硬感。

技巧 5：恰如其分地添加配饰，例如精美的腰带，唯美的长款手套，璀璨的珠宝等，一方面转移视线，另一方面与硬廓形上衣相辉映，带来视觉上的和谐统一感。

搭配方案一：圆肩夹克＋收腰连衣裙＋过膝长靴

充满中性魅力的圆肩夹克，绝对是女孩衣橱中不可多得的明星单品！选择一款质地舒适的拼色款，更添时髦气息！当然，想要达到视觉上的平衡，还需收腰连衣裙来帮忙。基础的纯色连衣裙，添加腰带，也能营造出凹凸有致的曲线感。女孩们可以穿着裹腿过膝靴，大胆秀出你的好身材！

搭配方案二：垫肩西服外套＋衬衫＋褶边短裙＋高跟鞋

对于通勤装来说，添加硬廓形的垫肩元素，无疑是增强个人气场的捷径。可以选择一款色泽明亮的垫肩西服外套，必不可少的收腰细节，令你强势的同时保持女人味。如果是中长款的西服外套，那么内搭基础衬衫之余，下身的褶边短裙，也会为你增色不少。最后，不要忘记穿着高跟鞋，这也是塑造高挑身材，为你气质加分的关键！

搭配方案三：方肩印花大衣 + 九分裤 + 高跟鞋 + 项链

如果你不想瘦成干瘪的骆驼，那么就为自己挑选一款方肩大衣吧，它绝对是提升气质，美化瘦削身材的法宝！值得注意的是，印花元素必不可少。无论是对称的，还是不规则的印花，都是让方肩大衣惊艳的关键细节。只需搭配剪裁利落的九分裤，就能令整体造型优雅有味道！女孩们可以搭配夸张的项链，高跟鞋也会令你的身材比例更完美！

第6节 "村姑" or "花仙子"，印花装的一搭之差

带给人美妙享受的印花，永远是不落伍的时尚潮流。如今每年的时装周都涌现各式各样的印花装，虽然令女孩们感到兴奋不已，但同样也让她们感到眼花缭乱，无从入手。虽然设计师们的灵感犹如泉涌，但值得庆幸的是，这些看似自成一派的印花装却有许多风格上的共鸣。然而，也许那些前卫的印花装你触手可及，但是如何搭配出彩，却是值得女孩们深思熟虑的事情。如果不想变"村姑"，那么就快来掌握"花仙子"的穿搭诀窍吧！

▧ 小碎花，邻家女孩最爱

不得不承认，对于亚洲女孩来说，小碎花永远是最清新的选择。女孩们爱它，不仅仅是穿上小碎花的衣裙就得到满足，她们同样喜欢小碎花的包袋、鞋履、配饰，甚至将其融入闺房设计之中。对于许多女星来说，白底淡雅的小碎花连衣裙，是她们装扮甜美的所在。选择一件色调并不浓郁的小碎花连衣裙，象牙白、奶油色、鹅黄色、蜜桃色的底色会带给人复古怀旧的感觉；结合淡雅的小碎花图案，令你瞬间神清气爽，流露出邻家女孩般的温婉气息。

抽象印花，打造街头艺术家

不得不承认，女孩们对抽象印花的痴狂绝非偶然。看看如今街拍达人的时髦利器，许多可都是抽象印花的杰作！这些怪诞又神秘的图案，有的来源于宇宙灵感，有的则来源于大自然的神奇启发。当然，你无法阻止设计师们的灵感顿现，核磁共振脑部扫描图片也会出现在女孩的衣裙上，令人震撼不已！如果你想通过抽象印花，彰显出脱俗的艺术品位，那就要避免选择出位的时装廓形。优雅的修身五分袖连衣裙，剪裁考究的丝缎小西装，休闲洒脱的锥形裤等，都是抽象印花装的经典之选！

动物印花，端庄亦狂野

对于任何一个内心渴望自由的女孩来说，动物印花装都成为满足短暂向往的表达。虽然许多人认为，动物印花太过休闲，甚至难登大雅之堂，但我却并不这么理解。相反，融入动物印花图案的衣裙，反而能令端庄的女性散发出独特的魅力气质。选择局部豹纹或斑马纹拼接的衬衫、铅笔裙，会令你展现出优雅不羁的个人魅力；选择蟒纹的漆皮或者 PVC 材质半裙，搭配纯色衬衫，会流露出率性干练的风情。沉稳的深冷色系会凸显你的高贵品位，不要一味追求抢眼，个性可不是将动物印花从头穿到脚。因而，对于通勤装来说，蜻蜓点水式的动物印花，更能够拉近你与他人的距离，赢得别人对你的好感哦！

▧ 几何印花，耐人寻味的优雅

我对几何印花的迷恋，并不止于单纯的图案喜好，更多的时候，我将它划为优雅的独特表达。将中性灵感融入几何印花装设计中，绝对是安全又明智的选择！例如男孩子气的衬衫、直筒裤、宽松的西装外套，以及棒球夹克等，趣味的几何印花，令这些中

性衣装散发出别致的年代感，它们像纵横在时装上的年轮，弥漫着古典雅致的魅力。当然，也不外乎细碎的图案，像是流行的几何印花的波西米亚长裙，就有着非凡的民族魅力。可以肯定的是，几何印花最百搭。它们可正式，可休闲，这完全取决于你选择的衣服的廓形。大面积的几何印花，还有独特的修身效果，这点也是女孩们爱它的缘由！

图腾印花，涤荡灵魂之美

图腾印花一直为时尚界所推崇。它并不是昙花一现的时尚元素，相反，它所渗透出来的美感，是渊源绵长的。灵感源于民族风俗的它们，是千百年来不同地域文化熏陶的产物。那些腾云驾雾的龙与凤，狂野凶栗的虎豹猛兽，神秘莫测的古人肖像，以及蜿蜒的枝枝蔓蔓……都飞跃成为时装上的民族缩影。选择图腾印花装，需要拥有戏剧感的衣装造型，例如旗袍、蝙蝠衫、罩衫、斗篷、灯笼裤等，这样才能更好地烘托出各种民族的差异之美。对于从未尝试过图腾印花的女孩来说，可以先从暗色调衣装入手，一件点睛的图腾印花夹克或是衬衫，便会点燃你的激情与灵感！

▨ 写实印花，时髦照相机

自推出以来便热度不减的写实印花，越来越受到都市女孩的喜爱。那些被重新涂抹色彩，或者真实刻画的风景，仿佛就像旅途中的相片，被永久保留在了衣装上。作为前卫休闲装的代表，黑白写实印花，给人以叛逆的都市印象，小露复古锋芒的它，让人联想到旧时代风情。选择这样的中性格调衬衫、直筒半裙，抑或是阔腿裤，会释放出不羁的个性魅力！对于由经绘画或色彩渲染的写实印花来说，鲜明的图案带来强烈视觉冲击力，不可小觑。选择这样的 A 字裙、衬衫裙以及修身西装外套，会带来率真开朗的个性腔调，同时不失端庄女人味！

第7节 拼接裙装，我的个性代言人

想要令自己的穿衣风格与众不同，就要发现自己的个性闪光点。拼接裙装，就是一种深层次的表达！无论流行趋势如何演变，它总是保持着变幻莫测的风格，不同的材质、色块或图案相互拼接，让我们无法一语道出其中的意味，却又隐隐流露着复合的韵调。衣橱中常备几款拼接裙装，绝对令你的穿着品位大大提升。令你暂别那些从头到脚一目了然的简约调调，不拘泥于单一风格，从而散发出甜而不腻，性感不浮夸，帅酷不失端庄的万种风情。不得不说，与其里三层外三层地混搭，不如选择一款别致的拼接裙装，更能迎合独一无二的口味！

▓ 材质拼接

蕾丝拼接

许多女孩都有蕾丝情结，在密密麻麻的网眼、宫廷感的花边、细腻百变的图形中，她们能看到自己想要的美好。将蕾丝与轻盈的绉纱、雪纺、丝缎拼接，最佳的方式便是袖子、领口或者下摆的点缀，既保持两种材质的特性，让裙装有精致的一面，又饱含氧气感。尤其是参加派对晚宴，穿着透视感蕾丝拼接长袖连衣裙，会令造型度跃升，小露性感的同时，增添一抹优雅气息！此外，针织与蕾丝的拼接，也是非常精彩的组合，可以分段装饰于裙摆或袖身上，散发出浓郁的淑媛气息。将皮革裙与蕾丝拼接，会为整体造型增添华美感；选择轻薄的皮革，蕾丝拼接就不会显得太突兀。

皮革拼接

无须大面积的硬朗造势，局部点睛的皮革拼接，就能令裙装散发出霸气独特的前卫感。尤其是对于各种款式的小黑裙来说，在领围、肩部、胸前、腰部甚至裙子褶裥处，都可以进行局部拼接。作为日装的风格催化剂，皮革能很好地平衡其他面料的单一感，令裙装展现出别样的质感。选择羊毛、针织作为主面料，拼接柔软的皮革，既合身又增添几许个性风情；选择绉纱、欧根纱作为主面料，拼接条状能为甜美衣装增添一丝成熟韵味，穿插拼接在百褶裙上，会令裙装造型更加立体，女孩们穿着起来更加凹凸有致！当然，对于动物花纹的皮革来说，选择大面积拼接会比局部点缀来得更加气势磅礴。

皮草拼接

对于秋冬裙装来说，皮草点缀虽然与整体皮草的奢华度小巫见大巫，但却令人倍感新鲜。新兴的小牛毛与其他面料的拼接，不仅造型感大大提升，还便于清洁。羊毛皮拼接作为最常见的款式，也是以局部点睛为主，并不适宜大面积拼接，会带来臃肿感。其他皮草，如狐狸毛、兔毛、貂毛等，只需在领围、裙摆处稍作修饰，就会非常优雅。当然，对于大多数爱心满满的女孩来说，人造皮草其实也毫不逊色。而且它更易染色，可以打造各式各样的图案，发挥的空间大很多。

色块拼接

想要牢牢抓住众人眼球，色块拼接无疑是巧妙的办法。对于亮丽的饱和色来说，不规则形状拼接更加耀目脱俗。如果想要凸显出曼妙的曲线感，那么黑色与浅色的对比拼接，绝对有最强大的修身功效；纵向与边缘的黑色拼接，更能打造优美的身架结构。如果选择横向拼接，那么黑色最适宜设计在腰部，通过视觉上的收缩提高腰线，从而令身材更加完美。如果倾向中性复古的风格，那么暗调的色块拼接，也能营造出优雅极致的感觉。然而如果你的肤色偏黄，气色不好，那么这类色块拼接就会适得其反了。

▨ 图案拼接

印花拼接

对于印花装来说，拼接能够恰到好处地彰显个性，又不会带来大面积的压倒感。以原色拼接印花，是最简洁且原汁原味的方式。如果想要尝试印花之间的拼接，一定要注意花形的大小、色彩，以及风格上的一致性，避免突兀。不论你选择的是何种印花，想要给人清新扑面的感觉，就切记印花的拼接面积不要超过整体的 2/3。

动物纹拼接

对于原色豹纹来说，不宜大面积拼接，不对称且创意十足的局部拼接，会令你的衣着品位更加卓著。对于彩色豹纹来说，可以选择欧美风格印花与其拼接，营造出强大的气场；也可以两色豹纹拼接，在图案大小上有所区别，会令裙装更加精致。

对于富有攻击色彩的蛇纹来说，采取与丝缎、雪纺等面料拼接的柔化方式，更能博得人们的好感。

由于斑马纹色彩上的单一性，即使是被彩化的斑马纹，也无外乎只有两种色彩，因此它更适合于大面积拼接。除此之外，走向不一的斑马纹拼接在一起，也会非常时髦有趣！

我个人非常喜欢虎纹，但是它也与斑马纹一样，存在着色彩上的单一性。因此，对于裙装来说，方正几何状的虎纹拼接就是很优雅的选择。

其他动物纹路，如鳄鱼纹、鸵鸟纹、长颈鹿纹、蜥蜴纹等，虽然很常见，但在拼接裙装中，却出现得比较单一，女孩们只要注意让拼接部分与其他部分保持和谐（色彩、风格等），就不会出错。

波点拼接

近年来流行的波点拼接虽然花样繁多，但只有三类最经典、持久。首先，是波点与其他图案的拼接，其中豹纹就占了不小的比例。新时代淑女可不是逆来顺受的乖乖女，小露野性的裙装更具吸引力。其次，不同波点相互拼接也非常有趣，最经典的方式便是波点与底色的相互转换，上下拼接看上去会更时髦！最后，便是圆点蕾丝的拼接设计，用它替代单色薄纱，同样带来性感效果！

条纹拼接

穿不好条纹裙，很容易就变成杂技团的小丑！与其冒着暴露身材缺陷又不得人心的风险，不如踏踏实实选择一款拼接的条纹裙装，会更加优雅迷人！虽然局部拼接的条纹非常百搭，但也要注意：胖女孩选择横条纹拼接裙装时，还是条纹越纤细越好。

格纹拼接

对于裙装来说，小格纹拼接大格纹的形式常见且百搭，但仍要注意，色调上要保持统一性，才能收获优雅。以假两件形式拼接的格纹连衣裙也十分经典。上身取格纹的一种色彩，下身拼接格纹裙，适当搭配腰带，会更加精致夺目！

第8节　火辣迷你裤，大秀琵琶腿

　　尽管许多女孩对迷你裤持观望态度，但却也阻止不了这一火热的流行趋势：女孩的短裤从大腿中央逐渐上移，越来越短，甚至出现了长及大腿根的迷你长度。虽然许多女孩担心穿着迷你裤落入俗套，但如果学会挑选搭配，通过不同色调、材质，以及图案的演绎，迷你裤也能瞬间变可爱、甜美或者酷辣！因而，如果你拥有纤长的美腿，那就不要犹豫，赶快秀出来吧！为你的衣橱添置几件时髦迷你裤，别再吝啬自己的好身材了！

想要率性，来点牛仔

　　想要打造我行我素的摩登风格，不妨来件迷你牛仔裤吧！选择火辣的低腰设计，更能突显娇翘的臀部曲线。添加毛边、破洞、撕裂等细节或做旧处理，会令你看上去更加率性不羁！作为它的理想搭配，女孩们可以穿着抽象印花 T 恤，与迷你裤的前卫感相得益彰，更好地衬托你的独特品位；搭配风格简约的平底凉鞋，整体造型兼具舒适与时髦！

柔化曲线的蕾丝

　　弥漫着柔美气息的蕾丝迷你裤最适合气质温婉的女孩穿着，它能够柔化你的曲线廓形，为你的整体造型注入一丝可爱俏皮气息。蕾丝材质一定要上乘，否则很容易钩坏。黑色与白色的蕾丝迷你裤适合打底，在你穿着超短连衣裙时，能起到优雅的防护作用；亮丽的彩色蕾丝迷你裤适合选择高腰款式，束衫穿着，搭配平底芭蕾鞋，打造舒适又优雅的复古造型！

▨ 温暖也性感的花呢

即使寒冷的秋冬季节，也没有必要将自己包得密不透风，穿着保暖打底裤，选择一条花呢材质的迷你裤，为你的造型注入丝丝入扣的性感气息！选择深色与中性色会更百搭。想要凸显你的纤长美腿，不妨尝试复古的高腰设计，束腰搭配简约衬衫或短款毛衫，更能衬托黄金比例身材。无须多余的配饰，裁剪精致的长外套与廓形感十足的包袋，就是你的完美搭档！

风情无限的印花迷你裤

既修身又风情无限的印花迷你裤，是你夏日衣橱里必不可少的时髦单品！无论是精致的小碎花图案、个性的几何图案，还是古典的民族图案、狂野的热带图案……都能丰富你的造型，增添一抹别致感。不妨选择一款真丝或雪纺质地的印花迷你裤，轻盈飘逸的面料更突显俏皮女人味。搭配纯色吊带上衣与楔跟凉鞋，清爽又有型！

吸睛必备的亮色迷你裤

毋庸置疑，亮色迷你裤在夏季的出镜率最高了！无论你偏爱什么风格，它都能迎合你的百变需求。因为色彩抢眼，女孩们在款式选择上一定要注重线条感与修身感,符合自己的体型最重要。一条上乘的亮色迷你裤，不仅能够衬托你的完美曲线，还能够带来活力四射的惊艳效果！糖果色与荧光色最抢手；其次是散发着金属光泽或具有镜面效果的亮色迷你裤，通过与各种衬衫、T恤的搭配，能营造出夺目的时髦都市造型。

皮质的硬廓形酷感

虽然迷你裤看上去与夏季相关，但事实上如果你选择皮质迷你裤，我更建议你在春秋季甚至冬季穿着，皮质的硬廓形感会为你带来出其不意的惊艳效果！初次尝试的女孩可以选择黑色基础款，增添拉链设计、铆钉细节，更赋予酷辣的摇滚气息！可以搭配带有珠光效果的透明丝袜；如果你选择了一条彩色皮质迷你裤，那么避免浮夸，内搭一件不透明的打底裤还是有必要的。上身穿着宽松的运动衫，更添动感韵味！

第 9 节　复古伞裙的瘦腿秘密

起源于 20 世纪 50 年代的伞裙，以伞形的圆摆命名，腰间有自然的打褶，旋转起来像伞一样优美，让人走起路来摇曳生姿！如今，经过设计师改良的伞裙，虽然风格百变、裙长不一，但依旧保留着经典的复古廓形，弥漫着永不落伍的时代迷香。它不仅仅是女孩们的衣橱亮点，优雅之选，也隐藏着瘦腿的秘密！尤其是对于胖大腿、下身水肿的女孩来说，穿着复古伞裙，瘦腿效果绝对立竿见影！

人手一条的黑色伞裙

当你爱上伞形小黑裙时，便会有一种想穿它穿到地老天荒的冲动！确实是这样，尤其是在整理衣橱，发现那件伞形小黑裙无论放在哪里都合适的时候。（我通常喜欢把衣服成套悬挂在一起，因而百搭的单品对于强迫症来说，简直令人欣喜又抓狂。）我喜欢收集不同材质的伞形小黑裙，皮革、粗花呢、羊毛混纺、绉纱等，以备四季穿搭。当然，要说最舒适随性的组合，那一定是伞形小黑裙束腰穿着涂鸦 T 恤了。它不仅能够彰显个性魅力，还不失优雅含蓄的味道；而背上链条包包，又会让你回归妩媚女人味！

当伞裙邂逅英伦学院风

一个是经典的复古裙形，一个是洋溢着异国情调的图案，当伞裙邂逅格纹，想不优雅都难！相比半裙款式，我认为添加背带更有浓郁的学院气息。搭配翻领衬衫与小西服，在西服上装饰一些个性别致的徽章，真的非常有味道！当然，在挑选图案时还有小技巧。如果你想让自己的双腿看起来更纤细，不妨选择精致的小格纹，避免夸张的大格纹放大你的缺陷；或者你也可以穿着黑色连裤袜或长袜，在视觉上尽可能缩小腿围。

印花过膝伞裙，玩转超然艺术范儿

印花伞裙经历了由长及短的演变，最终将定格为女孩们最爱的款式。这其中的原因其实很简单，过膝不仅能够轻松掩盖腿部缺陷，而且伞形大裙摆带来的震撼感，结合浪漫的印花元素，会令它看上去更加雍容高贵！随手拿来一件黑色（或白色，依裙子色彩深浅而定）贴身背心，束腰穿着就能惊艳四座！如果是约会或参加晚宴，就不妨佩戴一对宝石耳环，为你的造型增添一抹闪耀光晕吧！

▨ 点亮心情的糖果色伞裙

充满青春甜美气息的糖果色伞裙，绝对是点亮心情的心机法宝！亮丽的色彩令你脱颖而出，使焦点上移到裙身，从而避免暴露腿部缺陷。可以随性搭配宽松套头衫，灰底饰有抽象的印花的款式更加百搭。注意尽量不要选择长款上衣，盖过腰部会抹杀你的曲线感哦！记得搭配一双同色高跟鞋，会让整体造型看上去更加统一完美！

▨ 皮质伞裙，高街凹造型必备

皮质伞裙塑造的硬朗廓形，让你像是高高在上的女王一样，冷艳而优雅。作为高街凹造型的必备单品，女孩们的衣橱里可不能没有皮质伞裙的身影！如果你是新手，那么不妨选择安全的黑色或棕色及膝款式，搭配白衬衫与圆领针织衫，将衬衫的领子翻出，看上去会更加时髦有型！搭配动物印花单肩包，轻快的Style 同样饱含野性魅力！

第10节　裸色单品，优雅不做作

你可以不喜欢朋克，你可能对艺术派不感兴趣，但你绝对不会对优雅 say no！很久以来，女人们就想在时尚中寻找一条捷径，然而优雅有捷径吗？当然！裸色单品就是你的优雅首选，如果你想踏入优雅的国度，如果你想让自己的气质与外形同样迷人，那就快点入手裸色单品吧！

▨ 裸色衬衫

飘逸简约的裸色丝质衬衫，绝对是衣橱不可多得的气质单品。无论通勤搭配小西装，休闲搭配牛仔裤，轻薄的质地与淡雅的色调，都是衬托肌肤光彩、提升衣着品位的完美之选！你可以挑选一件剪裁宽松的中性款式，既有男孩子气的率性，又流露出丝丝入扣的女人味；你也可以选择极富女人味的透视款式，若隐若现的领口、袖身、底摆……或者添加荷叶边与灯笼袖的复古设计，也朦胧唯美至极！记住，裸色是你的安全底线，所以，尽情发挥你的时尚创造力吧，不必拘束，裸色衬衫永远是你优雅不做作的时髦法宝！

▒ 裸色连衣裙

如果你想让自己像名媛一样优雅，那就不要忘记入手一件名媛必备单品——裸色连衣裙！没错，淡淡的裸色调连衣裙，让你在任何场合都优雅、穿不错。但尽管如此，你还需要量体选衣：如果你身材比较瘦削单薄，可以选择蕾丝的材质，为你的整体增添一丝莹亮饱满；如果你想要遮盖小赘肉，那就不妨选择宽松有褶裥设计的款式，结合轻盈的绉纱、雪纺、欧根纱等材质，起到美化身材的功效，流露出淡雅的女人味！

▒ 裸色半身长裙

如果你很难找到一件堪称完美的半身长裙，那么我建议你一定试试裸色款！避免在横向增加体积感，选择流畅线条的半身长裙，让你既能掩盖小粗腿，又能散发出女神般的飘逸与雅致气息！绉纱、雪纺，以及透视感薄纱，是衬托唯美裸色的最佳搭档。你可以高腰穿着它，搭配短款上衣，或将上衣束在腰内，都会令你的身材更修长完美！最后别忘了穿着高跟鞋，它可是不容错过的好搭档！

裸色衣装怎么搭？

当你决定将所有赌注压在裸色衣装上，你同样需要了解它的搭配法则。淡淡的裸色调接近你的肤色，因而更能衬托肌肤的光泽；但如果想彰显活力四射的一面，加入一点亮色必不可少！你可以选择一件糖果色或荧光色的外套，为你的造型注入丝丝活力；也可以巧妙利用亮色手袋、鞋子、围巾等配饰，作为裸色衣装的点睛，让你看上去精神饱满；如果你的荷包干瘪无几，那就赶快入手一支唇彩吧，让你的妆容明亮起来，也会瞬间点亮裸色衣装哦！

第 *11* 节　百变酷马甲，缩出小骨架

马甲作为女孩衣橱中的亮点单品，不仅会令你看上去时髦前卫，还能带来强大的瘦身效果。对于大骨架女孩来说，学会穿搭马甲，可以柔化你的廓形，在视觉上缩小骨架，令整体线条看上去更加流畅优美！然而，不是所有的马甲都能胜任，想要穿出个性同时保持好身材，不妨牢记以下几款经典马甲，并遵循穿搭法则，相信你一定会收获不凡！

▨ 西装马甲

作为完美的跨季选择，春秋皆宜的西装马甲绝对不拘泥于女孩的正装，选择一个摩登的剪裁款式，会令你优雅不失帅气风情！女孩们可以搭配柔美气息的衬衫，也可以单穿马甲，搭配轻松休闲的坦克背心，衬托出不羁的个性腔调。如果担心太过中性化，那么修身的设计，则能从线条上突显你的凹凸曲线，将西装马甲穿出女人味！对于大骨架女孩来说，选择一款左右不对称设计的西装马甲，更能轻松掩盖缺陷，突出你的个性品位；也可以选择糖果色系，抑或是印花款式，转移注意力，在色彩或图案上升级吸睛指数！

雪纺马甲

作为大骨架女孩的柔美救星，雪纺马甲绝对是你的衣橱必备。闷热的夏季，选择一款清爽飘逸的雪纺马甲，绝对会令你的造型度跃升。不规则的长下摆会柔化曲线，带来轻盈灵动的唯美气息；如果想要掩盖宽肩的缺陷，那么就要避免裸露太多的肌肤，宽肩带的雪纺马甲，可以从视觉上达到平衡，尤其是选择低调的黑色，更能收获强大的"缩骨"功效！女孩们可以穿着吊带裙，彰显甜美率性的一面；也可以内搭纯色 T 恤，带来轻松惬意的街头气息。如果想要在人群中脱颖而出，可以选择拼接设计的雪纺马甲，例如蕾丝拼接雪纺，钩针拼接雪纺，皮革拼接雪纺等，两相碰撞会收获惊艳的效果哦！

牛仔马甲

无论哪一季，牛仔马甲都不会被女孩们忽视。不妨效仿欧美女星的街头造型，选择一款中性灵感的牛仔马甲，利用夸张宽松的廓形反衬出娇小玲珑的骨架。夏季，穿着波西米亚风格长裙，搭配短款牛仔马甲，不仅能够拉长身材比例，还能够展现出甜美浪漫的一面。对于春秋季的高街造型来说，牛仔马甲与衬衫或 T 恤的搭配，塑造的酷辣风格也是无与伦比的！当然，要想将牛仔马甲穿出小骨架，那么一定不可忽略细节要素 —— 毛边与流苏，它们在装饰之余，也可以起到柔化廓形的作用。如果你想穿得优雅，那么一定要选对牛仔马甲的色调，经磨旧处理的淡蓝色，或者单一的深牛仔蓝色，都是完美的选择！

▨ 机车马甲

作为街头造型的时髦利器，散发着狂野气息的机车马甲已然成为女孩们洒脱个性的表达。到达腰际的长度最为基础百搭；对于大骨架女孩来说，夸张的翻领、左右不对称的开襟，拼接以及修身收腰的设计，是值得注意的挑选关键。选择高腰裤的束衫穿搭，与机车马甲相配，会打造优雅的层次感，令你的造型更加耐人寻味。当然，如果想要彰显不俗个性，那么金属拉链、铆钉等装饰则是不可错过的华丽细节！天然纯皮与 PU 材质的机车马甲最为常见，如果想要打理简单，也可以选择价廉且时髦的涤纶混纺材质，摇滚风情的金属色机车马甲会令你酷味十足！

▨ 皮草马甲

如果热爱皮草，又不想让自己穿得像笨拙的泰迪熊，那么皮草马甲则是时髦又华丽的选择。对于大骨架女孩来说，皮毛本来就会带来膨胀的视觉效果，因而无论是从材质、色彩，还是款式上来讲，都要斟酌再三。首先，选择一个顺滑的毛皮，其中长山羊毛与狐狸毛最为卓著，它们垂顺有型，看上去飘逸又奢华。当然，也可以考虑修剪整齐的短毛，但一定避免选择卷曲的毛皮，会令你的造型乱糟糟，有些邋遢。其次，咖啡色、冷灰色，以及黑色，在视觉上有一定的压缩效果，对于宽阔明显的骨架有修饰作用。想要将皮草马甲穿出轻盈感，不妨在款式上多下功夫，皮毛搭配、蕾丝边装饰，以及材质拼接，都会避免单一皮草带来的沉重体积感。如果想要衬托出凹凸的身材，那么修身收腰必不可少，长及腰际甚至迷你款，都能够凸显修长的下半身。如果想要增强造型感，那么选择一款及臀的皮草马甲，也会让你有充足的发挥空间！

第12节　花样连身裤，一件凹造型

连体裤，这个看似新鲜的发明，其实早在 1919 年就诞生了。设计者 Florentine Thayat 将它视为未来的流行趋势，在那个时代，它具有戏剧的颠覆性，对解放时装功不可没。而如今，连体裤从 T 台走向生活，已成为个性女孩的衣橱必备。

作为炙手可热的经典单品，不论是明星 Icon，还是街拍达人，连体裤都成为她们的凹造型利器。布兰妮·斯皮尔斯曾穿着红色漆皮连体裤招摇一时；摇滚小天后蕾哈娜痴迷连体裤，她将大热的动物印花连体裤穿上身，充满酷辣的街头味；希拉里·达芙身着黑色修身连体短裤，干练又清爽；就连一向着装出位的 Lady Gaga 都禁不住连体裤的诱惑，穿上黑色皮革款，走在街头摇滚味十足。

如果你不想把大把的心思花在穿衣搭配上，那么毫不费力便能凹造型的连身裤，一定合你胃口！一件式穿搭，非常简单省力，无论你追求甜美、清新、酷辣、性感，还是叛逆，总有一款连身裤能够符合要求！可以说，就算你的衣橱再拥挤，连身裤也绝对不能被裁员！女孩们可以根据不同的场合，决定穿着不同的款式，一步到位的连身裤，也能将时髦一网打尽！

搭配 TIPS:

一条合身的连身裤，能够自上而下勾勒出你的完美曲线。如果你属于高挑的女孩，那么直筒及踝的连体裤最能衬托你的好身材；如果你属于娇小型，那么选择一款长到大腿中间的连体裤，则能在视觉上平衡你的身高缺陷。

并不是只有黄金比例的女孩才能驾驭连体裤。如果你有小肚腩，可以通过上身宽松的连身裤来掩盖不足；如果你想摆脱平坦的胸部，那么荷叶边装饰的抹胸连身裤更适合你；如果你的骨架比较方正，那么选择束腰或修身的连身裤，更能柔化你的曲线。

想要将连身裤穿出高挑感，一定不要忘记搭配高跟鞋，它可是拉长身材的法宝！

连身裤对于包袋的搭配有些苛刻，如果你在正式场合穿着，可以选择大号信封包来搭配，它棱角分明的廓形拿在手中，会让你更具干练率性的气息！如果参加派对晚宴，那么小巧玲珑的手拿包，绝对是衬托连身裤的理想选择！

连身短裤，风格决定品位

对于娇小型女孩来说，如果自上及下的长款连身裤无法驾驭完美，那么就不妨尝试一下连身短裤！挑选剪裁宽松的款式，下身呈裙摆状的设计更飘逸修身；也可以选择剪裁合身的款式，收腰廓形更能衬托凹凸曲线感。注意连身短裤的风格，它是决定你品位高低的关键。选择个性鲜明的异域风格款式，更有助于为你增添前卫气息。例如造型优美的吊带碎花连身短裤，不仅适合逛街穿着，也会令度假别具风情！可以搭配钩针小披肩，营造层次感；搭配编织风格细腰带，凸显窈窕身姿。如果是正式场合，你可以选择深色连身短裤，剪裁利落有型，外搭小西服或夹克；如果参加派对或约会，那不妨就单穿连身短裤，秀出你干练迷人的魅力吧！

黑色连身裤，气场不输"小黑裙"

毋庸置疑，如今，黑色连身裤与小黑裙的地位已经旗鼓相当了！如果你想一改淑媛风，尝试酷辣随性的风格，那就不妨选择一款黑色连身裤吧！对于初次尝试连身裤的女孩来说，宽松的黑色连身裤最基础百搭。选择一个大胆的 V 领设计，露出迷人锁骨与颈线，让你的中性风格不失女人味。想要彰显帅气的一面，不妨挑选有翻领、双排扣、直筒等细节的连身裤。

挑选时切忌自上而下、密不透风的款式，适当的蕾丝拼接、镂空设计，抑或是朦胧的局部透视，都能丰富款式，为黑色连身裤带来会呼吸的氧气感！可以搭配金色镜面手包与黑色尖头高跟鞋，流光溢彩的黑金组合绝对令你成为焦点！

◤ 抹胸连身裤，轻松成就性感魅力

相比抹胸连衣裙，抹胸连身裤更具有率性韵味，无论是红毯还是高街造型，穿着它绝对百分百吸睛！然而抹胸连身裤对身材要求比较高，如果你不想暴露自己的缺陷，就避免那些看上去柔软贴身的面料，选择硬挺的面料更能模糊视觉，达到修身的效果。无须在颈部画蛇添足，秀出你的性感锁骨与完美肩线，它们比任何珠宝都惊艳。穿着基础的黑色高跟鞋，它能令你瞬间高挑迷人！

▧ 阔腿连身裤，一件成就古典美人

别具复古风情的阔腿连身裤，越来越受到女孩们的欢迎。真丝与绉纱面料是塑造优雅垂坠廓形的理想面料，无论你选择低调含蓄的一字领、半袖，还是尝试一下性感惊艳的露背设计与露肩细节，连身裤的阔腿造型总能起到平衡作用，保证你的穿着高贵脱俗。你可以穿着它替代礼服，搭配复古韵味珠宝，化身古典美人；也可以外披剪裁精良的西装外套，打造别具年代味道的高街造型！

如果你青睐饱含 20 世纪 70 年代风情的连身裤，那在色彩挑选上，就不妨大胆地做出尝试：浪漫的落日橙，鲜艳的苹果绿，醒目的霓虹色……这些高饱和色调融入连身裤设计中，唤醒了女孩们自由奔放的心灵。可以选择灿烂的金色配饰，会给人以奢华高贵的感觉。

▧ 拼色连身裤，亦端庄亦妩媚

仿佛上衣与长裤缝合在一起的拼色设计，令连身裤充满十足的趣味性。可以选择一对相近的色调，令连身裤自上而下，看起来和谐有序；也可以选择一对鲜明的撞色，凸显你的曲线感。值得注意的是，女孩们可以借助拼色对比，重塑你的身材。适当提高腰线，会令双腿看上去更加纤细修长！当然，如果不想让鲜明的拼色显得突兀，可以充分发挥你的想象力，利用珠宝配饰令上下自然地衔接起来。

想要将连身裤穿入职场，那么就要挑选端庄又不失个性的款式，比如双色拼接的连身裤。白色衬衫与黑色直筒裤的拼接，能够勾勒出女孩优雅修长的曲线；卷起衣袖搭配多环手镯，有中性率真的一面，也能彰显精致女人的一面。其次，羊毛面料的连身裤也有通勤装的利落格调，避免闪耀的亮色，选择深邃内敛的藏蓝、冷灰色，会为你增添一抹蓄雅端庄的风情！

动感连身裤，玩转休闲风

融入运动风的连身裤，绝对是无法抗拒的街拍抢镜法宝。轻薄舒爽的棉麻面料，令连身裤穿起来简洁自然；隐形松紧带设计，令上下保持利落一致，同时不会抹杀你的好身材！可以搭配棒球夹克或针织开衫，令你的造型富有层次感，流露出随性的休闲腔调。选择一双舒适的平底鞋，铆钉装饰包包作为点睛配饰，百搭不厌！

当然，丹宁面料的连身裤也是绝不输棉麻的舒适之选！它不仅是学院派女孩的最爱，同样也是好莱坞女星街拍的逆龄法宝。背带款式的丹宁连身裤最为常见，选择一个简洁宽松的廓形，搭配基础白衬衫或白 T 恤，就有减龄的功效！对于身材单薄的女孩来说，穿着抹胸短款连身裤，会平衡你的瘦削身材；外搭短款牛仔夹克，令休闲造型清爽有活力！

第13节　个性连帽衫，晨跑也时髦

连帽衫作为女孩衣橱必不可少的单品，既能带来舒适的穿着感受，也适合打造各种运动休闲风格。如果你有晨跑的习惯，或者已在健身房定制了运动计划，那么连帽衫不可或缺，它会让你避免因为热得满头大汗而丧失优雅的尴尬。选择不同风格的连帽衫，学会搭配它们，你会发现它已经成为运动乐趣的一部分！

拼接连帽衫，运动也柔美

通过衣摆拼接其他材质的途径，令连帽衫变得更具柔美气息，已经成为当下最流行的设计方法。这样的款式的确值得女孩们入手！选择一件色彩淡雅的连帽衫，下摆拼接雪纺或真丝荷叶边饰，会令你看上去更加灵动飘逸，达到柔化曲线的效果！有了它，就算你是硬朗骨架的女孩，也不必担心穿上连帽衫就变身女汉子了！用它来随意搭配运动短裤，携带一款廓形圆润的小巧单肩包，会衬得你更加娇俏迷人！

抓绒连帽衫，御寒又优雅

天气渐入寒冷时，你就需要一件抓绒连帽衫来保暖了。它不仅是出入健身房的御寒法宝，还能为你打造悠然惬意的周末造型！舒适柔软的棉质抓绒，保证你外出运动都温暖有型。可以选择一个简单的素色，结合修身剪裁，凸显你的曼妙曲线！不妨内搭白色Ｔ恤，敞怀穿着潇洒又清新，下身搭配弹力打底裤与运动鞋，为你打造理想的运动装束；如果作为周末休闲装，也可搭配弹力贴身牛仔裤与帆布鞋，演绎优雅帅酷的街头风情！

糖果色连帽衫，玩转炫动好心情

享受健身乐趣，玩转炫动好心情，糖果色连帽衫绝对是你不可或缺的精彩单品！选择任意一种亮丽的色调，用它来搭配同色运动裤，伴你享受运动好时光；也可以选择素色运动裤，搭配彩色双肩背包，打造炫彩又优雅的周末格调，即使外出旅行，这身装扮也同样舒适时髦哦！

印花连帽衫，突显帅酷个性

印花连帽衫永远都是突显个性的运动单品。抽象印花和迷彩印花图案是张扬帅酷格调的运动装首选；如果你青睐小清新的装束，那么田园风格的碎花图案也是不错的选择！不妨为自己的衣橱添置一款印花连帽衫，无论搭配Ｔ恤、短裤，打造舒适酷辣的运动造型，还是搭配宽松长裤与短靴，营造休闲洒脱的周末格调，它都是你的理想选择！

字母连帽衫，时髦街头范儿

作为明星潮人的街头休闲装束，字母连帽衫出镜率极高，用它来营造户外运动风格，绝对简约又时髦！可以选择撞色的字母连帽衫，衬托鲜明个性；也可以选择抽象的字母图案，带来神秘帅酷的摩登趣味；还可以搭配短衫、短裤、运动鞋，混搭出不羁的街头范儿！

运动裤是衣橱里的基础单品，如果你有一颗追求时髦的心，你可以将它穿得更加百变有型！它不仅仅是你的晨跑搭档，也并不局限于健身房，对于明星潮人来说，运动裤更多地混搭在街头风格装束中，打造出花样百变的潇洒造型，为周末休闲装束注入丝丝活力。因而，就算你不爱运动，也不妨让你的运动裤"晒晒太阳"，掌握它的搭配小窍门，你也会逐渐爱上舒适又时髦的生活！

◎ 保持简单与特色

运动裤不同于其他单品，尽管每一季都有时装设计师演绎它，但万变不离其宗，舒适简约才是它的时尚本质。因而在挑选时，你要尽量保证线条流畅，不要有太多的华丽缀饰，除了经典的黑色与灰色，你也可以尝试深红色、深蓝色、咖啡色等；也可以在细节上标新立异：带有拉链的裤脚或口袋，同色面料拼接，侧面装饰彩色的竖条纹等，都会令你的运动裤更有看头！

◎ 成为风格的配角

为什么潮人穿着运动裤街拍也那么有范儿？答案就在于，她们不会让运动裤夺去造型锋芒，又能令运动裤保持轻松活泼的配角角色，让它看起来更时髦！穿着宽松的运动裤，你可以搭配一件涂鸦Ｔ恤和皮质夹克，演绎自由的摇滚风情。如果选择紧身运动裤，就尝试把它当作打底裤来穿，可以搭配过臀的长Ｔ恤、宽松的条纹衫，可以穿着运动鞋（也可以用平底乐福鞋替代它），走出随性雅致的名媛范儿！

◤ 把握协调感

　　运动裤一年四季都可以穿着，这就需要你在搭配上多下功夫，其中的关键便是——把握协调感！如果你选择一条宽松的运动裤，上身就不要穿着太宽松，否则看上去会很臃肿；如果你选择一条紧身的运动裤，那么上衣就可以适当放松一些，凸显你下半身的玲珑曲线；如果你在夏季穿着七分、五分，甚至短款运动裤，可以搭配前短后长的不规则剪裁Ｔ恤或衬衫，遮住过于丰满的臀部，让你避免暴露下半身的缺陷，看上去更加优雅有型！

▨ 搭配上的突破

不要对运动裤的搭配有抵触心理，你可以很轻松地换下平底运动鞋，换上更为时髦的坡跟运动鞋或坡跟踝靴，拉长你的腿部线条；或是选择一双舒适儒雅的乐福鞋或芭蕾鞋；冬季则可以穿着及踝雪地靴，保暖又摩登！如果你的运动裤是色彩缤纷的，抑或是闪亮的面料，搭配一双富有女人味的尖头高跟鞋，珠宝上追求夸张惊艳，你也能收获妩媚又轻松的造型！

第四章
Chapter Four
卧底名媛帮，不可不知的点睛鞋包

第*1*节　罗马鞋，交织的性感

起源于古罗马时期的罗马鞋，又称为角斗士鞋（Gladiator Sandals）。它以独特的条状皮革交错绑带为特点，高度从及踝到长及小腿、及膝甚至过膝不等。起初，它分为两种款式：一种具有金属护腿，高度及膝甚至过膝，一般为竞技场的角斗士穿着，达到一定的防护效果；另一种则作为平民的凉鞋，款式造型虽然不一，但都保留着交错皮革绑带的特征。经历年代的洗礼，罗马鞋已逐渐成为各国人民喜爱的凉鞋款式，它复杂多变，充满不羁的野性魅力。

罗马鞋材料从单一的皮革逐渐扩展到多种材质，款式也丰富起来，充满无限趣味性，复合着性感、火辣、帅酷、俏皮、典雅等多种风情，对于女孩们永远具有致命吸引力！如果是日常穿着或者游玩，那么百搭的大地色系罗马鞋最值得入手，例如沙砾色、驼色、棕褐色等，搭配别具异域风格的长裙，颇有情调。高跟、坡跟的罗马鞋则适合于特殊场合穿着，例如酒会、红毯、晚宴等，搭配服装时只要讲求流畅线条感，抑或是廓形感即可。可以穿着垂坠的礼服，也可以搭配简约硬朗的小黑裙，它们都是让你轻松收获惊艳的选择！

交错绑带的这个设计特点，令你在挑选罗马鞋时，不能忽视它的材质舒适性能，因为足部与鞋履长时间接触，会更容易磨损你受伤，因此，高档的软麂皮、小羊皮、小牛皮是罗马鞋的最佳材质选择。如果你偏爱华丽的半宝石或珠串装饰的罗马鞋也不要疏忽，在购买前一定保证这些装饰并不妨碍行走，否则长时间穿着就会让你感到痛苦了。

▨ 平底罗马鞋

无论是旅游度假，还是日常穿着，舒适的平底罗马鞋总能虏获女孩的芳心。对于初次穿着罗马鞋的女孩，我推荐大地色系的罗马鞋，例如裸色、沙砾色、棕褐色等，它会优雅地修饰脚形，并且很容易搭配轻盈飘逸的裙子，融入复古气息的设计，使二者更加相得益彰！如果你想彰显不俗个性，可以选择金属色罗马鞋，它是点亮造型并且日夜兼宜的时髦单品；也可以选择装饰铆钉或亮色金属的款式，为足下增添一抹酷辣韵味！想要为足下增添一抹华丽气息，可以选择半宝石或珠串装饰的罗马鞋，奢华的异域风情绝对令你心醉不已。

▨ 高跟罗马鞋

性感交织的高跟罗马鞋，几乎很少女孩能抵挡住它的诱惑！黑色高跟罗马鞋作为基础款，要想穿出奢华感，一定要有亮点才行 —— 铆钉、链条、宝石点缀或采用闪亮的漆皮材质，都能告别平庸，穿出别致时髦感！当然，大多数女孩还是偏爱彩色，糖果色、荧光色，以及淡雅的水粉色，都非常前卫俏皮。可以选择色泽温润的麂皮或绒面革，看上去会更加含蓄优雅。如果实在没有思绪，就选择一款裸色高跟罗马鞋吧！与肤色相近的它，拉长腿型的同时修饰脚面，穿它绝对有安全感！

▨ 坡跟罗马鞋

造型含蓄低调的坡跟罗马鞋，是夏日里稳步增高的优雅法宝。通常选择楔形的软木跟或草编跟，加以防水台穿着更舒适。可以选择裸色、咖啡色、褐色等纯色调，也可以穿插动物纹皮革、金属色皮革等，增添一抹成熟野性韵味！搭配短款连衣裙或短裤，都非常完美。

第2节 豆豆鞋，驾车也摩登

驾车也摩登的豆豆鞋，已成为了都市女性必不可少的时髦装备。这种起源于意大利著名品牌 Tod's 的平底鞋款，因鞋底与后跟酷似豆豆的橡胶小粒而得名。这 133 颗豆豆虽然有时会根据特殊鞋号变更，但足底与后跟的关键部位，豆豆分布还是严格依据着力与驾车舒适性设计的。

Tod's 豆豆鞋的粉丝数量都足以列册了，其中就有摩洛哥公主卡洛琳、哈利·贝瑞、辛迪·克劳馥、莎朗·斯通以及已故的戴安娜王妃等明星名人，其影响力可见一斑。

豆豆鞋是追求质感与舒适一族的不二选择。虽然造型上大同小异，但由经设计师的风格变换，豆豆鞋也焕发出无限时髦韵味。色泽温暖的麂皮豆豆鞋，是豆豆鞋中的优雅佼佼者。如果你想寻找一款既可以驾车又能足够舒适的休闲鞋履，那么它再适合不过了！穿着剪裁流畅的直筒裤搭配它，会令你看上去更加高贵有韵味。充满科幻未来感的金属色豆豆鞋，则是明星潮人的扮靓利器。光泽感极强的鞋面与橡胶鞋底结合，既舒适防滑又时髦抢眼，搭配简约衬衫与紧身小脚裤，就能展现前卫随性的一面。广受欢迎的动物纹豆豆鞋，是演绎不羁风格的理想之选，穿着它你更能感受到驾车的乐趣。可以选择光滑的蛇纹豆豆鞋，小牛毛覆盖的豹纹豆豆鞋，以及趣味拼接的斑马纹豆豆鞋，都是这类鞋款的经典时髦之选。不妨换上紧身弹力皮裤与帅气夹克，搭配你的心头之爱，相信更能收获霸气潇洒的造型效果。而对于五颜六色的诱惑来说，缤纷的糖果色豆豆鞋更是令人难以拒绝。入手一双，用它搭配印花连衣裙、糖果色小脚裤，来个时髦撞色也不是没有可能！

第3节　芭蕾鞋，百变萝莉最爱

芭蕾鞋，这个在芭蕾舞鞋中汲取灵感的平底鞋款式，以圆润的鞋头、流畅合脚的弧度，以及百变俏丽的装饰，成为新时代女孩的最爱，有了它，不必担心褪下高跟鞋就丧失优雅。气质不输任何鞋款的芭蕾鞋，不仅能够彰显你俏皮可人的一面，也舒适便捷。不要以为它只适合逛街休闲穿着，不同款式造型的芭蕾鞋，不仅能够穿着上班，同样能够点亮你的约会派对装束。如果外出游玩踏青，散发着清新韵味的芭蕾鞋，也是你的舒适时髦之选！

作为正式休闲两相宜的芭蕾鞋款，哑光的绒面材质更给人安稳优雅的韵味。如果是上班穿着，建议选择深色款式，俏皮的贝壳边设计可以美化你的脚形。

如果搭配休闲装，可以选择大地色系或者裸色的芭蕾鞋，它与肤色相近，拉长腿部线条的同时，带给人时髦的亲和力！对于周末休闲、派对轰趴造型来说，亮面材质的芭蕾鞋，更能轻松点亮你的摩登气场。

春夏季，不妨选择俏皮的糖果色与荧光色系，为你的造型增光添彩，注入活力。秋冬季选择金属色或全息涂层的亮面芭蕾鞋，突显变幻莫测的冷艳魅力，搭配 A 字形裙或小脚裤，优雅有味道。

对于约会晚宴来说，精致百变的芭蕾鞋绝对不可或缺。可以选择鞋头装饰俏皮蝴蝶结，抑或是亮片水晶贴缀的款式，为你的造型注入奢华柔美气息；也可以选择甜美的印花或野性魅力的动物纹，为整体增添一抹不羁的时尚韵味！

　　总之，舒适又时髦的芭蕾鞋，是鞋柜里最不嫌多的风格单品。保证鞋底的柔软度，选择天然耐磨的橡胶材质，注重皮革或其他材质的透气程度；选择柔软亲肤的小羊皮、麂皮材质，会令你拥有爱不释足的愉悦感！

第4节　乐福鞋，穿出乐活姿态

　　乐福鞋，这种起源于英国，由设计师 Raymond Lewis Wildsmith 专为国王乔治六世设计的休闲鞋履，以整块皮革向上包裹，通过缝线与鞋面相连接，以及无须系带为特点，穿着起来非常方便舒适。号称"懒人鞋"的它，至今依旧风靡欧美国家，并从男士的专属转换为女士也可穿着的时髦鞋款。经过风格改良的女士乐福鞋，不仅延续着雅痞般的悠闲高调气息，也融入了百变的女性摩登元素。如果你青睐休闲且雅致的鞋履风格，那我就开门见山地为你推荐乐福鞋吧！

　　提到乐福鞋中最经典的款式，当然首推马衔扣乐福鞋。继古琦（Gucci）设计的马衔扣乐福鞋在男鞋中大获全胜后，这种经典的风格又转战女鞋领域，同样反响非凡。如果你想要一个恒久摩登的款式，那就不妨选择一双亮色的马衔扣乐福鞋吧！它优雅的圆头与金色马衔扣装饰，历久弥新的风格，好穿又百搭；结合抢眼的色调与漆皮材质，搭配中性装束，带来帅气又不失女人味的情调。

　　如果你青睐复古的风格，那么流苏装饰的乐福鞋十分值得入手。灵动小巧的流苏为乐福鞋注入俏皮气息，选择哑光绒面材质，黑色、巧克力色、咖啡色，以及驼色调，都能彰显你优雅沉稳的一面；搭配 Vintage 风格的连衣裙或白衬衫＋小脚裤，都令你看上去韵味十足!

　　经由高跟鞋改良成的乐福鞋,搭配简单T恤与短裙,也能轻松营造出高街气场。如果你参加派对或晚宴,不妨选择一双缀饰乐福鞋或印花乐福鞋,为你的造型增添一抹流光溢彩的魅力吧!

　　像所有平底鞋一样,乐福鞋讲求舒适感与时髦感并存。但由于乐福鞋鞋檐向上包裹的皮革设计,会在视觉上缩短足部长度,因而对于腿短粗的女孩来说,用它搭配短裤或短裙,很容易令下半身失去优美的比例。因而利用及踝长裤作为替代,可以轻松避开这个搭配小陷阱。

第5节　运动鞋，动感高街法宝

除了户外晨跑或在健身房中穿着，平日里女孩们总对运动鞋关注过少。其实，不论你是否热爱运动，或者你是否是一个高跟鞋控，运动鞋一定是鞋柜里的必备单品！不必担心它会抹杀你的品位，花样百变的款式绝对不会让你看上去像个老古董。学会挑选和搭配运动鞋，对你来说，时髦反而是件信手拈来的轻松事。

作为舒适的间歇造型搭配，风格鲜明的印花运动鞋会为你的衣装增添一抹别致魅力。动物纹印花是百搭的杰出之选，搭配男友式牛仔裤与T恤，让你看上去更加狂野有范儿。花卉印花采用局部拼接点缀，效果会更加惊艳。想要将运动鞋穿出顽皮味，亮色款式绝对少不了。作为高跟鞋的完美替代品，选择糖果色、荧光色、金属色、闪耀镜面效果的亮色运动鞋，不仅能让你每天的着装时髦有趣，也能为晚间造型增添摩登腔调。用它搭配任何休闲装束都不会错，但你一定要勤快点，经常清洁，令它时刻保持光鲜亮丽，只有这样才能打造全天候的别致造型！如果你偏爱皮质运动鞋，增添铆钉、粗拉链、金属搭扣等元素，则会令你看上去帅酷有型。建议与紧身皮裤和T恤搭配，效果会更加出众。

一双上乘的运动鞋，可以穿着很久。女孩们在挑选时不仅要看重材质，也要重视它的鞋底减震效果，看看是否增添了舒适的气垫等。如果是秋冬季，为了保护脚踝，你可以选择高帮或皮毛内衬与鞋口装饰的运动鞋，它们穿着起来更加温暖时髦。

第6节　布洛克鞋，英伦怀旧腔调

作为中性风格的经典鞋履之一，布洛克鞋（Brogue）在16世纪后期的苏格兰与爱尔兰流行开来。它曾是户外乡间穿着的鞋履，皮革十分结实，鞋形与男士皮鞋相当，鞋面有孔洞的雕花装饰与锯齿形的花边。后来经温莎公爵的灵感加以改良，布洛克鞋发展成为可休闲、可商务的绅士鞋履。

如今，女士布洛克鞋也成为最受欢迎的平底鞋类之一，其优美的雕花装饰与线条感十足的锯齿花边，为原本硬朗的廓形增添了一丝细腻与精致。你可以选择偏向中性风格的款式——古典的黄褐色布洛克鞋或黑白拼色的布洛克鞋，用它们搭配白T恤、A字裙，优雅又别致。如果你把握不好这种风格，也可以尝试偏女性气息的布洛克鞋。糖果色或冰淇淋色的布洛克鞋，抑或是淡雅的裸色漆皮布洛克鞋，都能衬托出你的甜美气质。闷热的季节，不妨选择一款舒适的帆布材质的布洛克鞋，抑或是透气的网纱拼接布洛克鞋，它不但能给你的足底送去清凉，别出心裁的样式也十分时髦！

选购布洛克鞋时，如果想要保持原汁原味的感觉，那就选择大面积雕花的款式，它会令你的造型看上去更加复古、有味道。如果想要展现出现代都市的一面，不妨在布洛克鞋的材质与色彩上多加留意，即使是细小的变化也会看上去十分新颖。当然，如果你追求标新立异的风格，那么在选购布洛克鞋时，就要将注意力集中在造型上，尖锐的鞋头、垫高的后跟等，都值得你大胆尝试。

第7节　牛津鞋，英伦古典与现代的碰撞

流行于17世纪英国的牛津鞋，实际上是雕花布洛克鞋的一种分类，由于当时风靡英国牛津大学，因而以此命名。它的经典标志是鞋楦与侧翼的优美雕花，结合古雅的皮革与系带设计，令它流行几百年依旧不衰。虽然牛津鞋是男士鞋履，但经由时尚设计师的巧妙变换，它已经成为当下女士鞋柜里不可或缺的单品。如果你对中性造型情有独钟，那就更不要错过帅气又典雅的牛津鞋！

流露出阳刚魅力的女式牛津鞋，在搭配上也十分简单随性。你可以选择经典的棕褐色牛津鞋，搭配简约的白T恤或衬衫，下身穿着卡其色直筒裤就非常雅致；你也可以用复古连衣裙搭配它，令甜美与中性平衡得恰到好处。如果你追求抢眼的着装风格，那就不妨选择一双炫酷的金属色牛津鞋，点亮你的高街造型，增添一抹科幻色彩与摇滚情调！当然，对于大多数刚刚接触牛津鞋的女孩来说，想要轻松驾驭它的中性，还需要从基础做起。你可以从黑白拼色的牛津鞋或彩色漆皮牛津鞋入手，前者搭配黑白套装英气十足；后者经过女人味的柔化设计，就算搭配连衣裙，都一样和谐优美。

许多女孩喜爱牛津鞋，是因为它散发着一股优雅古典的英伦味道。然而，如果你想通过牛津鞋演绎出复古英伦范儿，还需小

配饰呼应，效果才更佳！例如长筒袜、彩色短袜，古董单肩包、复古皮质双肩包，圆顶小礼帽、宽檐软呢帽……这些配饰也许并不起眼，但与牛津鞋搭配在一起便十分出彩。相信注重细节的你，也不会忘了发挥这些配饰的魔力，让 Vintage 风格更加深入人心吧！

第 *8* 节　马靴，马背上的粗犷豪情

马靴，顾名思义是为骑马人所设计的一种靴子。虽然地域不同，马靴的造型有所差别，但要论最经典的款式，非西欧马靴莫属。与早期西欧骑马的方式有关，这类马靴从侧面看线条十分优美流畅，与脚形、腿形的弧度十分吻合：靴筒的长度临近膝盖但并不过膝，鞋底有锯齿状的防滑设计，便于骑马与行走。军式马靴大都为黑色皮质，而休闲一点的马靴就比较自由粗犷了。这类马靴的鞋尖会微微上扬，有后跟，从沙黄色调到深褐色不等，鞋面上有花哨的雕花，富有浓郁的民族气息。

对于女孩们来说，马靴实用又时髦，非常经典百搭。在春秋季节，可以选择单层皮质的黑色马靴，搭配紧身裤利落洒脱，单穿或搭配带有花纹的丝袜，会增添一丝性感韵味。如果你偏爱复古风格的装扮，或者参加音乐节，那么可以入手一双棕色雕花马靴，中长筒高度就很合适，搭配紧身裤或单穿搭配民族风格的连衣裙，就能轻松突显个性。寒冷的冬季，你也可以选择有绒面衬里的马靴，黑色基础款最为百搭，下身穿着紧身小脚靴裤或打底裤，非常有型；或者你还可以适当选择带有垫跟或改良的高跟马靴，它会令你看上去更加高挑。

你不仅要会挑选马靴，还需要学会保养，才能延长它的寿命。虽然我们常看到电影中的马靴并不是崭新的，有时候甚至有些

陈旧邋遢，带有浓郁的年代味道，但实际上，马靴与其他皮靴一样，也需要认真仔细的保养。在穿之前应给它打上一层鞋油，保护皮质；穿后用布擦拭表面皮革，如果是绒面革，则可以用刷子轻刷尘土；如果要长期存放，则需要用鞋撑固定好鞋形。清洁后，给马靴打上鞋油，在鞋盒中放入干燥剂，并放在阴凉干燥的鞋柜中存放。

第 9 节　切尔西靴，终极休闲鞋

　　源于维多利亚时期的切尔西靴，早期用于骑马穿着。它是20 世纪 60 年代的流行标志之一，由于披头士乐队的穿着，很快风靡开来。切尔西靴也曾是维多利亚女王最喜爱的便靴，因为它无须系带，侧面有松紧带设计，穿脱十分方便，所以女王对它宠爱有加，可谓靴不离脚。如今，切尔西靴又流行回来，再次成为男女皆可穿着的鞋柜必备经典靴款。

　　对于崇尚个性、追求率真的女孩来说，切尔西靴无论是在舒适便捷性能上，还是在外观上，都具有十足的诱惑力。你可以从基础的款式入手，选择黑色皮质的切尔西靴，再根据个人喜好选择哑光皮革、漆皮、压纹皮革，抑或是绒面革。如果你讲求个性，想要穿出街头时髦感，也可以选择尖头、印花面料拼接，以及金属缀饰的切尔西靴，为原本的中性风格融入更多美感。当然，并不是所有女孩都有勇气驾驭切尔西靴的硬朗感，如果你喜爱它，不妨尝试裸色鞋面，抑或是高跟设计的款式，会令风格过渡的更加优雅自然。

　　由于切尔西靴大都为及踝设计，因而在衣着搭配上，它也很容易驾驭。你可以穿着小脚裤、牛仔裤，搭配简单的 T 恤与夹克，强调硬朗帅气的中性气息；也可以选择小黑裙，或白衬衫束腰搭配短裙的方式，平衡切尔西靴的中性，带来丝丝柔美。

第 *10* 节 穆勒鞋，足下的裸露诱惑

自 18 世纪流行开来的穆勒鞋，是一种脚趾闭合，大部分脚面包裹，但露出脚跟的鞋。这种鞋无须系带，穿脱格外方便。由于脚面被大面积包裹，因而行走起来也很跟脚。虽然穆勒鞋曾因妓女穿着而名誉下降，但在 20 世纪 50 年代被性感女神玛丽莲·梦露重新演绎后，又成为女孩们鞋柜必备的时髦鞋款。如今，穆勒鞋经历两个多世纪的演变，不仅更加性感妩媚，也凭借无可复制的经典的造型，开始走向潮流尖端，成为永不褪色时尚风格鞋履之一。

穆勒鞋可以变幻出很多造型，如高跟穆勒鞋（粗跟或细根）、坡跟穆勒鞋、运动鞋式穆勒鞋，以及矮跟甚至平跟穆勒鞋等。穆勒鞋的款式，春秋季大都为脚趾闭合的经典设计，夏季则多为清凉的露趾设计。如果你想用它搭配牛仔裤或小脚裤，那么选择黑色的皮质穆勒鞋最基础百搭，它可以美化你的脚形，让双脚看上去更纤瘦，同时增添一份酷辣情怀。夏季穿着短裙或连衣裙，可以搭配 PVC 鞋面的穆勒鞋。高跟或坡跟的款式会令你看上去更加挺拔曼妙，同时透视感的材质令双脚若隐若现，增添丝丝性感与清凉气息。如果你想让自己看上去更加端庄，那么裸色皮质的穆勒鞋则是首选。可以选择简约的露趾设计或女人味的尖头设计，既能拉长双腿曲线，也能够展现你优雅的一面。

因为穆勒鞋具有独特的露跟设计，因而选购这类鞋履时，最重要的一点就是跟脚。虽然鞋跟越高越能拉长腿部曲线，但为了保证行走舒适便捷，也要考虑它的合理高度。因而，如果选择高跟的穆勒鞋，要尽量保证脚面包裹的面积较大，前面另外增加防水台设计，会起到一定的跟脚作用。

第 *11* 节　麻底鞋，环保也时髦

近年来持续走红的麻底鞋，其实早在 14 世纪就已流行开来。受到当时的法国、西班牙等地人们的喜爱，舒适又别具地中海民族风情的它，成为风靡欧洲七个世纪且永不落伍的便鞋。由于麻底鞋独特的制作工艺 —— 鞋面为帆布材质，鞋底为天然黄麻编制而成，并添加防滑耐磨的橡胶底，因此它不仅舒适透气，而且环保。它是摩纳哥王妃格蕾丝·凯利的最爱，也是西班牙艺术家达利与毕加索的心头好。

如今，经过多个世纪的演变，麻底鞋不仅保留了独特精湛的工艺手法，在设计师的精雕细琢下，外观也呈现出前所未有的丰富。不仅仅是传统的帆布鞋面，从真丝、缎布到蕾丝，甚至皮革等，不同的材质也赋予了麻底鞋不同的美感，例如缎布的华丽闪耀，蕾丝的朦胧性感，皮革的光泽高档等。工艺上，印花的融入令麻底鞋变幻多姿，手工刺绣的增加以及闪耀的缀饰，令麻底鞋走向时尚界，成为女孩鞋柜里必不可少的时髦单品。

麻底鞋在搭配上也非常轻松随意。任何一款麻底鞋，你都可以穿着简约的 T 恤与牛仔裤搭配它，挽起裤脚，会令你看上去更加时髦富有朝气。当然，麻底鞋得天独厚的地中海气息，也令它

成为女孩们的度假鞋履首选。你既可以穿着沙滩装搭配它，也可以穿着富有民族风情的印花服装与麻底鞋相呼应，演绎浪漫神秘的异域造型。如果你选择了简约淡雅的麻底鞋，那么淳朴舒适的棉麻服装则是它最完美的搭档。

第*12*节　百变帆布包，度假休闲好选择

作为经典的环保面料，帆布（Canvas）在包袋材质运用中体现了杰出的优越性。它舒适、耐磨、易清洗，能够打造出风格百变的时髦款式。起初，帆布是制作船帆的材质，而后在1944年的美国，设计师将帆布运用到包袋设计中。虽然当时它只是专门为划船的人设计，被称为"船包"，但却引来高涨的关注度。20世纪50年代，帆布一跃而上，成为打造休闲度假包袋的理想之选。时至今日，帆布包已经有了上百年的历史，仍然是最受欢迎的包袋风格之一。如果你想为度假休闲挑选一款合适的包袋，那么帆布包绝对鳌头独占！

▓ 印花帆布包

伴你轻松享受度假休闲的印花帆布包，是简约又时髦的选择！如果作为周末装束的搭配，可以选择字母印花款式，带来轻松惬意的感觉；也可以选择兽纹印花帆布包，为你的高街造型增添酷辣活力。如果去海滨度假，那么对比鲜明的几何印花、花卉印花，以及写实印花，令你轻松融入热辣氛围。如果是讲求实用的短途旅行，不妨选择一款高档精巧的Logo印花包，提升你的造型品位。

拼色帆布包

　　舒适便携且容量充足的双肩帆布包，是旅行的必备之选，而要想告别单调乏味，拼色设计无疑是彰显个性的最佳表达。选择强烈对比效果的拼色帆布双肩包，可以点亮休闲装束，为你的造型增添一抹俏皮随性的格调！不要急着入手，先确保它的衬里完好无损。选择具有高质量的棉衬帆布包，更能确保你在旅途中携带较重物品时的安全。

皮质拼接帆布包

　　单纯的帆布材质很容易在针脚缝纫处出现开裂，如果加上皮质包边，就会安稳牢固得多，而且更加经久耐用。当然，皮质拼接也是当下及未来流行的风格之一，它主要运用于包底、手柄、肩带、拉链处，以及包袋两侧的装饰，为帆布包提升塑形性，使它看上去更加硬挺、立体、有质感。女孩们可以选择原色帆布拼接皮质的款式，为你的造型注入清新与活力；也可以尝试涂层帆布与皮质拼接的款式，绚丽多姿，令你的品位脱颖而出！

▨ 条格帆布包

　　作为最常见的帆布包袋，经典百搭的条纹与格纹的款式，是女孩们抒发自由个性的理想选择。虽然这类包袋比比皆是，但如果你想让它看上去更上档次，那么皮革拼接与巴拿马草编的装饰绝对不可忽视。夏季选择底部草编的帆布包，搭配异域风情的衣裙，令你更具浪漫清爽的度假风情；而对于皮质拼接条格帆布包，你完全可以将它休闲正式两用，无论是商务旅行还是周末外出，它都是绝佳的高品位选择！

第*13*节 小方包，棱角分明的时尚

　　永不落伍的时尚小方包，就算你的配饰库再枯竭，也绝对不能没有它！Celine Classic Box、Chanel Boy、Alexander McQueen Heroine 等奢侈品牌系列，都相继演绎它的百变与经典。无论是古董格调、闪耀亮色、风情印花，还是精致绗缝、华耀缀饰，都在棱角分明的小巧廓形中，延续着无限摩登与风趣。不妨看看哪些款式最值得你入手吧！

复古小方包

　　作为明星潮人街头必备的单品，流露着浓郁旧时代情怀的复古小方包，总令人爱不释手。女孩们穿着淑女风格连衣裙，搭配一款复古小方包，即可收获优雅的高街造型！激光切割的镂空饰边，酷感十足的皮质流苏，古典怀旧的色调，棱角分明的包身廓形……都成为点亮造型的优雅所在。

亮色小方包

　　作为四季搭配的闪耀单品，亮色小方包凭借精巧廓形与靓丽色彩，轻松虏获女孩的芳心！可以直接选择糖果色、荧光色、

水粉色或金属色的皮革款式，也可以通过漆皮、涂层等凸显出小方包的光泽感，点亮你的造型！要想令小方包看起来高贵脱俗，不妨选择简约干练的廓形，带有闪亮五金扣饰的款式，更令品位跃升！

▧ 印花小方包

备受时尚人士青睐的印花小方包，绝对是高街凹造型的抢眼单品！尤其是动物纹印花的小方包，更是日夜皆宜的造型利器。不妨选择一款豹纹、斑马纹，抑或是蟒纹的小方包，不同材质拼接设计，铆钉、链条等朋克元素的添加，以及镀金的五金扣式装饰，会令你的造型更加丰富摩登！

▧ 绗缝小方包

极尽优雅格调的绗缝小方包，是新派淑媛必不可少的单品。经典的黑色款是一年四季的百搭单品，而色彩绚烂融合朋克摇滚等元素的绗缝小方包，也是不可多得的凹造型必备！奢侈品牌 Chanel、Versace、Lanvin、Marc Jacobs 都曾无数次演绎过这一经典风格，结合皮革金属链编织肩带，更散发出时髦前卫的都市风情。不妨用它来搭配你的名媛范儿小礼服，或者中性风格的装束，为你的造型注入丝丝雅致。

缀饰小方包

散发着夺目光芒的缀饰小方包，是替代缀饰手包，完美赴约的潮流之选。水晶、串珠、铆钉、亮片等点缀，令你的晚间造型更加流光溢彩，魅力四射！选择极富女人味的细链肩带，为你增添一抹潇洒妩媚气质，同时解放双手，令你尽情享受觥筹交错的华丽晚宴。当然，你也可以把它当作手包。将链条缠绕在腕间，搭配优雅小黑裙，会收获意想不到的创意造型效果！

▨ 特殊材质小方包

颇受潮流人士及时尚买手关注的特殊材质小方包，更有即刻绽放的时髦魅力！透明的 PVC 与草编（巴拿马草或拉菲草）材质，是清新夏日的新颖之选，搭配你的飘逸连衣裙，营造惬意别致的度假气息！秋冬选择天鹅绒、刺绣、钩编等面料，更能为你的低调衣装增添一抹奢华韵味！

▨ 复古马鞍包

　　磨旧皮革、水饺形包盖、激光切割镂空花纹、流苏装饰……诸多复古元素融合，令马鞍包散发出别致非凡的怀旧感；闪耀的镀金五金锁扣，令它更加引人注目！值得庆幸的是，你永远不必担心这季的马鞍包到了下季就会落伍，因为复古韵味总是令它看上去更时髦。因此，选择复古马鞍包，你不必要追求流行奢侈品，去古董店转一圈，也许就能开心地淘到想要的款式，绝对省银子又时髦！

第15节 水桶包，背上时髦，即刻出发

包袋发展到今天，由最初携带随身物的辅助品，逐渐演变成了女性的时尚信号。例如实用的大容量水桶包，它最早出现在1932年，当时是路易·威登（Louis Vuitton）为香槟生产商特意打造的，它能一口气装下5瓶香槟（实际上是正着放4瓶，中间倒着放1瓶）。之后，水桶包在20世纪50年代流行开来，它形状如同水桶，顶部有抽绳，通常为了携带方便安全还内置拉链，并附有肩带。如今地位跃升的水桶包，在设计师的手中变幻出百变的风格，它是兼具实用与时髦的绝佳选择，是备受明星、名媛宠爱的扮靓法宝，绝对值得你拥有！

▧ 亮色水桶包

造型简约流畅的水桶包，是经典百搭的理想之选。尤其是亮色的皮革材质，更能为你的日间装束注入俏皮活力韵味！不妨选择一款糖果色或荧光色水桶包作为你的夏日扮靓装备，它增添双肩带的款式，能肩背、手提两用，可以伴你轻松漫步街头！

铆钉水桶包

无论是休闲逛街，还是参加户外音乐节，酷味十足的铆钉水桶包，绝对是你不可或缺的时髦装备！你可以将手机、化妆品、钱包、心爱的配饰，甚至是小零食都通通纳入包内，也丝毫不影响它的造型感。选择基础的黑色或白色水桶包，包底装饰的铆钉不仅摇滚味十足，还能避免磨损包身，前卫又酷辣。

珠绣水桶包

别具异域风情的珠绣水桶包，是女孩们不可多得的个性之选！精美绝伦的刺绣图案，充满浓郁神秘的民族气息，结合珠串、银质缀饰、亮片等，令它看上去更加诱惑力十足！秋冬选择这样一款水桶包，搭配复古风格的衣装，走在街头绝对回头率百分百。

流苏水桶包

　　水桶包的抽绳部分，是值得延伸的时尚焦点。尤其是带有超大流苏的水桶包，更是彰显洒脱品位的上佳之选。如果搭配淑女风格的衣裙，不妨选择淡雅的水粉色调流苏水桶包，为你的造型增添一抹温婉的飘逸之美；如果搭配复古风格装束，那么不仅抽绳部分饰有流苏，包身同样拼接长流苏的款式，则更符合你的旷野潇洒格调；如果想要突显与众不同的品位，不妨选择一款缤纷的彩色流苏水桶包，让它为你的全天造型注入活力与激情吧！

第16节 信封包，高街必备尚品

　　顾名思义，"信封包"的外观样式就像信封一样，呈扁平的长方形，通常棱角分明，具有可塑的硬廓形，但部分信封包也因款式风格不同，四角较圆润，柔软富有体积感。纵观各种高街造型，信封包几乎是出镜率最高的时髦装备。它可以只手盈握，也可以夹在臂膀下，因为增添了可拆卸的肩带设计，信封包不仅可以充当你的晚间手拿包，也能够舒适肩背、斜挎，方便打造百变的日间造型！

◢ 金属色信封包

　　由涂层皮革或亮片贴缀打造的金属色信封包，是华丽派对装束必不可少的点睛配饰！选择一个棱角有型的简约款式，金、银色最为百搭，可以穿着镜面光泽的高跟鞋，与金属色信封包相得益彰；搭配低调的黑色小礼服，突显你的华贵气质。作为高街造型的惊艳搭配，散发着金属光泽的彩色信封包，则能为你增添一抹摩登的未来气息！不妨穿着宽松毛衫与修身铅笔裙，打造华丽又休闲的日间造型。

动物纹信封包

散发着野性丛林魅力的动物纹，对于经典的信封包款式同样惊艳适用！可以大胆选择性感的豹纹、蟒纹、鳄鱼纹等，为你的全天装束带来不羁的洒脱味；也可以选择小牛毛、皮草装饰的彩色斑马纹，为你的秋冬造型增添一抹奢华俏皮风情！

肩背／斜跨信封包

解放双手的可拆卸肩带信封包，肩背、斜跨、手拿皆宜，告别了其"华而不实"的帽子，拆下肩带即可瞬间手拿华丽晚宴包，令你轻松优雅上班。不妨选择一个简约的亮色款式，不折叠就能放置 A4 纸的充裕空间，令它既能充当你的公文夹，又能为你的晚间装束增添十足气场！

▨ 撞色信封包

作为简约衣装的别致搭配选择，撞色信封包永不落时，它是你全天造型的个性搭档！包身、包盖，及局部色彩拼接的款式，形成鲜明的视觉冲击力，为你的造型注入几何图形的魅力！可以选择闪耀的漆皮材质，为你的约会派对造型增添一抹光彩；也可以选择低调含蓄的哑光绒面皮革，无论工作还是休闲搭配，都别致优雅！

▨ 机车信封包

装饰着酷辣铆钉、五金搭扣，以及多拉链设计的信封包，是打造帅气机车造型的理想之选。选择一款做旧处理的黑色皮革款式，更具不羁的硬朗气息！不妨用它与剪裁利落的皮夹克、机车靴搭配。当然，它也可以作为晚间手拿包，与透视感长裙搭配，塑造性感迷人的晚间造型，为你增添一抹前卫的摇滚魅力！

随着人们生态意识的提高，购物袋逐渐取代塑料袋以及纸袋，成为时髦又实用的环保之选。女孩们拎着不同风格的购物袋出门，令衣着造型更加丰富多彩！从大受欢迎的印花款，到创意十足的草编款，以及名贵奢华的皮质款，购物袋 Style 已经跃升为时尚达人的摩登 Icon，而拥有一款适合自己个性的购物袋，不仅方便外出购物，还能够打造与众不同的前卫造型！

印花购物袋

虽然购物袋在普通人眼里只是工具，但如果你是有心的时尚精，一定明白购物袋的时髦与否也关乎形象大事！近年来持续走红的印花购物袋，是明星潮人必备的基本配件，无论是走在街头，还是出入商场超市，抢眼的印花购物袋总会为你加分。可以选择结实耐用的帆布材质，或者流行的乙烯树脂材质，都能很好地演绎各种风格的印花。

透明购物袋

透明材质的购物袋确实很时髦有趣！不得不说，女孩们在购物时也有窥探癖好，看看别人淘到了什么宝贝？哪件我也有？但是大多数人还是不愿被"偷窥"的，所以选择半透明的印花或者果冻色购物袋，就能为你避免这种尴尬。如果你不是携带重物，那么透明塑料材质购物袋可以考虑。但在我看来，它的装饰性要比实用性大一些，背着透明购物袋去购物，不如背着它去休闲娱乐，来得更优雅高档一些！

草编购物袋

看到草编的购物袋，就好想野餐一顿！言归正传，它真的很适合夏季携带，实用又清凉。选择结实且廓形感十足的草编购物袋，穿着田园风格的衣裙，会为你增色不少！它不仅适用于购物，你也可以背上它去海滨度假，搭配比基尼裹身长裙，别富浪漫情调。在选择材质时，虽然巴拿马草编较贵一些，但真的很经久耐用，选择一个绚烂的色调，会令你心情大好！

▨ 亮面购物袋

如果你是追赶潮流的时尚达人，那么亮面购物袋绝对必不可少！在它还没流行开来的时候，我就很喜欢收集那些金属光泽的无纺布包装袋，它们看上去熠熠生辉，简直美极了！而金属光泽、镜面光泽，以及漆皮购物袋的推出，则满足了我平日出门携带必需品以及 Shopping 的需求。挑选一个足够结实，足够闪耀，又物美价廉的款式，搭配休闲装束，会令你看上去随意又前卫！

▨ 皮质购物袋

看上去高贵质感十足的皮质购物袋，是时尚达人的终极奢华之选！无须缀饰，散发着自然光泽的皮革，优美的流畅的廓形，就能令你拎出明星范儿！你可以选择有分层或内置拉链的款式，能够更好地分类携带物品，安全保管钱夹、卡包和手机。当然，如果你想令自己看上去与众不同，也可以选择动物纹理的皮革材质，或奢华的稀有皮革，可以丰富造型感，令自己的品位跃升！

第18节 花样手提包，讲求个性的鬼马姿态

便携实用的手提包，作为女孩的基本日常配饰，已经成为诠释个性的花样时髦典范。法棍包、保龄球包、医生包、流浪汉包……诸多百变造型的手提包出现在时尚舞台，伴随着自由不羁的都市腔调，令女孩们大呼过瘾！不妨跟随我来看看，这些持续走红的个性手提包，到底有哪些是你的菜吧！

法棍包

经典的 Baguette 包的灵感其实起源于法国长棍面包，它廓形小巧，如同长棍面包一样，呈窄扁纤长的矩形，因而命名为"法棍包"。它最早由 Silvia Venturini Fendi 于 1997 年推出，女孩们既可以手提，也可以单肩背夹在腋下，十分轻巧时髦！如今经过材质与风格演变的法棍包，不仅是日夜皆宜的手提包典范，也为你的衣装注入风情万种的奢华气息！春夏季不妨选择一款贴花刺绣法棍包，搭配小清新衣裙，带来甜美的精致感；秋冬挑选一款羊毛皮材质，抑或皮草装饰的法棍包，能使你的奢雅度跃升。如果作为通勤包，不妨选择简约的皮质，富有柔和光泽的包身令法棍包更具质感；参加派

对或晚宴，可以选择流苏装饰或亮片珠串贴缀的法棍包，为你的晚间造型增添一抹华丽风韵！

◢ 保龄球包

于 20 世纪 90 年代流行开来的女士保龄球包（Bowling bag），以美式保龄球包袋为灵感源泉，成为兼具实用与时髦的手提包款式。形状呈半圆形或方形的它，侧面并不狭窄，因而不仅能够盛放你的随身携带物品，也可以作为小型旅行手提包使用，为你的日夜装束都提供了方便。彩色皮革款最为百搭，其次是动物纹，以及趣味的印花款式，如果你想让短途旅行都散发着优雅迷人的气息，那么容量充足的格纹款式，以及复古雕花的款式，绝对值得你入手！

医生包

灵感源于 19 世纪初的医生包（Doctor's bag），是应美国当时的医疗背景产生的。当时，医生需要提供上门服务，或者由于特殊情况要照料在家的患者，因而选择黑色皮包来携带血压计、急救药物，以及小型医疗器械等。到了 20 世纪，随着医疗体系的发展以及大型医疗机构的出现，这种医生探访病人的情况逐渐减少，但医生包却被时尚界所发掘，凭借典雅的外观与实用的造型，备受女性热捧。时至今日，医生包虽已演绎出无限的风格，但依旧万变不离其宗：圆润的手提柄、对阖式袋口、颇具结构感的线条，以及硬挺的皮革质地。只要认准这些关键元素，你的医生包不仅经久耐用，还可以附庸风雅！

流浪汉包

舒适便携的流浪汉包（Hobo bag），是大廓形包袋的经典之选。它多由柔软的皮革或弹性材质制成，形状似月牙，可以手拎、手挎，以及肩背，带给人慵懒舒适的感觉。它于 20 世纪 30 年代崭露头角，之后通过不同的材质与图案演变，被赋予了千变万化的风格。它是你搭配周末休闲装束的理想之选，选择一个印花或亮泽皮质的流浪汉包，会令你看上去更加时髦亲切！

梯形包

最为著名的梯形包，是 Hermès Kelly 包（爱马仕的凯莉包），最初由设计师 Emile 与 Ettore Bugatti 共同打造而成。它以摩纳哥王妃格蕾丝·凯莉的名字命名，原因是怀孕的王妃拎着它，成功掩盖大腹便便的身材，从而优雅走红。它是永恒奢华的经典标志款式，没有多余的点缀，硬廓形的梯形设计就是它的时髦所在。正是因为造型上获得的巨大成功，梯形手提包令后来的设计师前赴后继，都在赶追它的潮流。女孩们不妨选择一款动物纹理梯形包，它缤纷的色彩，会为你的日夜造型注入野性魅力与几何意趣！

第五章
Chapter Five
街 拍 达 人: 一 周 魅 力 造 型 指 南

也许在十年前，你可能认为几天穿同一套衣服不为过，但如今作为一名现代都市女性，你就不能忽视每天的着装搭配。尤其对于职业女性来讲，要想从周一到周五都保持精神焕发，并不是件容易事，然而如果能够巧妙借助服装赶走工作带来的压力、疲倦、慵懒与乏闷，令自己每天都心情愉快，这确是一项不可多得的奇妙本领！到周末时，无论闺蜜聚会、轰趴，还是浓情蜜意的约会，也都需要精心装扮，才能彰显出你的个性与魅力。优雅淑媛、俏皮学院、舒适休闲、日系文艺、清新田园……下面将讲述这七种风格造型，再以品牌为典例，为你带来周一到周日的不同着装体验。一起来学习一下吧！

周一　优雅淑媛风——Chanel，Chloé，Ochirly

　　这是一个讲求优雅的年代，因而没有什么比优雅考究的着装，更能轻易打动人心。也许每到周一，你都会对着镜中的自己皱眉，这是怎么了？女人，周一难道就是衣橱灾难日吗？其实并不然。你可以从经典时装品牌 Chanel 中寻找灵感，一件剪裁流畅的 A 字裙，外搭斜纹花呢外套，色彩可以变幻多端，但精致的廓形却能令你时刻保持高贵典雅；对比色调的边饰，能够巧妙地美化身材，并避免同色套装的枯燥无味。如果你追求简洁时髦的风格，那么不妨借鉴法国时装品牌 Chloé，短款软皮夹克搭配轻盈的雪纺裙，在硬朗与柔美中找到一份平衡；或者是一件打褶的衬衫，搭配线条利落的九分裤，将宽松与紧身相结合，在简约中彰显不平凡的搭配功力。如此，周一的步调不一定很紧张，也可

以很惬意。除此之外，你也可以参考 Ochirly 品牌充满活力的都市女性风格：灯笼袖上衣搭配包臀短裙，曼妙的荷叶边连身裙外披紧身夹克，同时可以穿插玩味的图案印花，为拘谨的周一造型注入丝丝活力。

　　搭配套餐一：花呢外套 +A 字裙 + 迷你手提包

　　搭配套餐二：软皮夹克 + 雪纺连身裙 + 珠串项链

　　搭配套餐三：打褶衬衫 + 修身九分裤 + 高跟鞋

周二　俏皮学院派——ASOS，Miu Miu，E-Land

在越来越多职业女性逆龄装扮的热潮下，"回归校园"这一主题风格，不仅能够将职业装化刻板为轻快，也能带来意想不到的减龄效果。如果你担心周二的造型没有精气神，那就不妨尝试一下俏皮的学院派风格吧！典型代表便是英国网购品牌ASOS，为你的西服套装内搭一件蝴蝶领结衬衫，紧身羊毛上衣搭配百褶格纹短裙；斗篷式双排扣外套只需一件短裤搭配丝袜，就能立刻提升时髦格调。或是借鉴Miu Miu青春洋溢的意式风格，将运动感的外套搭配短裙，针织开衫内搭牛仔布衬衫；或是将充满少女情怀的冰淇淋色、糖果色、马卡龙色，融入到每件单品中，混搭起来更有滋有味。还有来自韩国的成衣品牌E-Land，它将

美式学院风作为品牌风格的中心，一系列格子衫、卡其裤、套头针织衫，以及棒球帽等服装配饰，都成为融入都市女性着装的俏皮行头。

搭配套餐一：西服外套 + 蝴蝶结领衬衫 + 伞摆短裙

搭配套餐二：紧身羊毛衫 + 百褶格纹短裙 + 及踝靴

搭配套餐三：针织开衫 + 牛仔布衬衫 + 紧身牛仔裤

周三　舒适休闲范——Alexander Wang, Top Shop

　　任何人都可以尝试的舒适休闲风格，最适合有点慵懒乏力的周三。这一天无疑是一周最漫长的，越过周三，所有人都能长舒一口气。你可以将 Alexander Wang 奉为这一造型的指南针。廓形十足的套头衫搭配紧身裤，帅酷的休闲夹克搭配百褶裙，露腹短上衣与直筒短裙，能在舒适之余，勾勒曼妙曲线。如果能从面料上小玩花样，提升科技感与未来感，那就再时髦不过了！当然，舒适休闲并不代表缺乏女人味，你同样可以用下面这些单品点缀，高跟鞋、细腰带、小巧的手拿包，都能衬托出你精致的一面。来自英国的高街时尚品牌 Top Shop, 也是演绎舒适休闲范的不二选择。可以尝试男孩子气的外套，搭配女人

味十足的风琴褶裙；美式棒球夹克内搭丝质吊带裙；宽松的翻领大衣与毛衫在秋冬必不可缺，只需一双及膝长筒靴，便能瞬间展现你的洒脱与妩媚。

搭配套餐一：廓形感套头衫 + 紧身牛仔裤 + 时髦双肩背包

搭配套餐二：露腹短上衣 + 直筒裙 + 高跟鞋

搭配套餐三：棒球夹克 + 丝质连身裙 + 缀饰手拿包

周四　日系文艺调——三宅一生、无印良品、优衣库

从头到脚的日系调，令平凡的周四变得艺术韵味浓厚。这一风格的服装不挑身材，但绝对挑气质。要想将日系文艺调拿捏到出神入化，还要多借鉴大牌灵感才是，例如来自日本的著名品牌三宅一生，就是优雅高格调的时装典范。不规则的针织披风，宽松淡雅的衬衫，线条优美的阔腿裤，以及拼贴的印花、色块的连衣裙，都能在自由的变化中展现出日系艺术的魅力情调。如果你追求质朴感，那么可以尝试平价且舒适的无印良品、优衣库等，这类品牌并没有紧跟时尚潮流，却能够追随日系的精髓，为你带来自然轻松的着装体验。轻薄的针织开衫，淡雅的纯色衬衫，棉麻短裤、短裙等，都是你的基础必备品，在休闲惬意的周四，穿着它们，让自己独享一份宁静与安逸。

搭配套餐一：不规则针织披风＋抽象印花连衣裙＋木质配饰

搭配套餐二：宽松印花连身裙＋厚底凉鞋＋趣味单肩包

搭配套餐三：纯色宽松衬衫＋阔腿裤＋软皮手拿包

周五　自由田园味——Valentino，Paul & Joe

　　作为一周中最令人振奋的一天，周五掩不住的喜悦与热情，就用自由的田园风格表达吧！像顶级时装品牌 Valentino 的女模们一样，穿上轻盈飘逸的绉纱，点缀蜿蜒的藤蔓刺绣与立体花朵，迎接最愉快的周末。斑斓的印花外套或衣裙你总要挑一件，无论色彩明丽大胆，还是清新羞赧，面料只要飘逸、通透、灵动，就能满足造型的关键要求。或者，你可以借鉴法国品牌 Paul & Joe 的灵感，运用淡雅的小碎花衬衫、衣裙，或提花的夹克、铅笔裙，来彰显你的田园气质。

　　搭配套餐一：淡彩短外套＋印花连衣裙＋白色手提包

　　搭配套餐二：印花长裙＋细腰带＋草编包袋

　　搭配套餐三：白衬衫＋提花短裙＋高跟鞋

周六　简约复古情——Burberry，Prada

　　简约复古的风格衣装，在周六姐妹聚会、逛街血拼中格外受用。这类衣装虽然很低调雅致，但也能轻松虏获人们的视线。如英国经典品牌 Burberry，其复古的风衣，雅致的宽肩外套，遮盖赘肉的茧形大衣，无须你费尽心思，只需一件单品就能瞬间点亮整体。而借鉴 Prada 的古典伞裙大衣，及踝长外套，以及别具吸引力的鱼尾裙、中长铅笔裙等，会让你发现，这类衣装也可以点缀夸张的珠宝、奢华的手包，伴你走进高档的酒会或晚宴。

　　搭配套餐一：茧形大衣 + 紧身连衣裙 + 高跟鞋
　　搭配套餐二：伞裙大衣 + 高跟及踝靴 + 印花手拿包
　　搭配套餐三：及踝长风衣 + 高领毛衣 + 麂皮长靴

周日 摇滚派对风——Balmain，Roberto Cavalli

　　趁着周末还未结束，穿上摇滚风格的衣装，加入炽热狂烈的派对中，尽情释放你的魅力吧！以黑金色为主打的单品在这一天尤为耀眼，由经大胆染色的皮草，珠串铆钉装饰的夹克，垫肩的西服外套，冷艳的印花裙，都是来自 Balmain 这个经典摇滚品牌的秘密武器。你可以通过皮手套、小礼帽、夸张的珠宝等配饰，在风格上达到和谐统一；也可以通过妩媚微醺的妆容，为衣装注入更加酷辣的摇滚风情。如果你偏爱野性十足的装扮，那么意大利品牌 Roberto Cavalli 的动物纹印花单品，绗缝的皮夹克，也是你不可或缺的灵感源泉。

　　搭配套餐一：染色皮草外套＋黑色紧身皮裤＋链条单肩包

　　搭配套餐二：垫肩西服夹克＋暗色印花连身裙＋高跟鞋

　　搭配套餐三：绗缝皮夹克＋动物纹短裙＋铆钉装饰包袋

图书在版编目（CIP）数据

我的搭配入门书 / 崔彦怡著 . —南京：译林出版社，2015.7
ISBN 978−7−5447−5469−9

Ⅰ . ①我… Ⅱ . ①崔… Ⅲ . ①服装美学 − 通俗读物
Ⅳ . ① TS941.11−49

中国版本图书馆 CIP 数据核字（2015）第 096866 号

书　　名	我的搭配入门书
作　　者	崔彦怡
责任编辑	陆元昶
特约编辑	冯旭梅　孙　赫
出版发行	凤凰出版传媒股份有限公司
	译林出版社
出版社地址	南京市湖南路 1 号 A 楼，邮编：210009
电子信箱	yilin@yilin.com
出版社网址	http：//www.yilin.com
印　　刷	北京京都六环印刷厂
开　　本	787×1092 毫米　　1/32
印　　张	7
字　　数	74 千字
版　　次	2015 年 7 月第 1 版　2015 年 7 月第 1 次印刷
书　　号	ISBN 978−7−5447−5469−9
定　　价	28.80 元

译林版图书若有印装错误可向承印厂调换